# 计算机
## 网络基础与实践

唐文春　李艳军　李爽洁◎主编

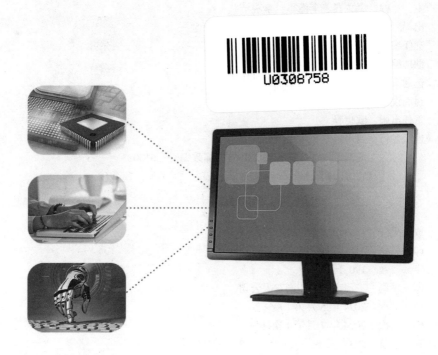

四川科学技术出版社

图书在版编目（CIP）数据

计算机网络基础与实践 / 唐文春，李艳军，李爽洁
主编 . -- 成都 : 四川科学技术出版社，2024.5
ISBN 978-7-5727-1363-7

Ⅰ.①计… Ⅱ.①唐…②李…③李… Ⅲ.①计算机
网络 Ⅳ.① TP393

中国国家版本馆 CIP 数据核字（2024）第 108296 号

## 计算机网络基础与实践
JISUANJI WANGLUO JICHU YU SHIJIAN

主　　编　唐文春　李艳军　李爽洁
出 品 人　程佳月
责任编辑　魏晓涵
助理编辑　叶凯云
选题策划　鄢孟君
封面设计　星辰创意
责任出版　欧晓春
出版发行　四川科学技术出版社
　　　　　成都市锦江区三色路 238 号　邮政编码　610023
　　　　　官方微博　http://weibo.com/sckjcbs
　　　　　官方微信公众号　sckjcbs
　　　　　传真　028-86361756
成品尺寸　170 mm×240 mm
印　　张　9.5
字　　数　190 千
印　　刷　三河市嵩川印刷有限公司
版　　次　2024 年 5 月第 1 版
印　　次　2024 年 7 月第 1 次印刷
定　　价　68.00 元

ISBN 978-7-5727-1363-7

邮　　购：成都市锦江区三色路 238 号新华之星 A 座 25 层　邮政编码：610023
电　　话：028-86361770

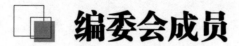

# 编委会成员

主　编：唐文春　李艳军　李爽洁

副主编：李成忠　孙学军

编　委：唐文春　李艳军　李爽洁

　　　　李成忠　孙学军　肖　明

# PREFACE
## 前　言

　　计算机网络以及在其基础上发展而来的国际互联网和移动互联网已经成为人们分享信息、使用各种应用功能不可缺少的技术条件。在现代社会，了解和掌握计算机网络知识，是对所有现代科技人才的必然要求。计算机网络系统是计算机技术和通信技术相结合的系统，也是存储、传播和共享信息的工具。经过多年的发展，计算机网络已成为信息化社会中人们的必要工具，是人们交流信息的最佳平台。在一定程度上，计算机网络影响和改变了人们的工作、学习和生活方式，其发展水平也是衡量国家发展水平的重要标志之一。

　　计算机网络知识被认为难以理解和掌握，其主要原因在于它的原理和协议设计与具体的技术和工程实现并非一一对应。前者设计和定义了多种异构网络体系结构及其细节的原理和标准，属于逻辑上的网络；而后者是具体的实现方法和技术，是网络用户能够实实在在感受到的信息网络提供的应用和服务。对于网络用户而言，了解后者对于指导生活和工作中的网络技术问题已经足够，但对于计算机及其相关信息专业的学生而言，更需要了解和掌握其原理和协议设计，为今后的深造和更深层次的研究工作奠定基础。

　　本书在内容上采用由浅入深的阐述方法，有针对性地帮助学生掌握计算机的基础知识和应用实践能力，在内容上对计算机网络的分类与体系结构、数据通信的基本概念及其相关内容进行了简要介绍。通过阅读本书，读者可以了解和掌握计算机网络很多相关的基础知识。本书可作为计算机初学人员的参考书。希望本书能为读者理解与应用计算机网络知识提供一定的帮助。

# CONTENTS
## 目 录

# 第一章　计算机网络概论

## 第一节　概述

计算机网络是计算机技术与通信技术结合的产物，被认为是人类历史上第五次技术革命，人类社会自此进入网络信息时代。计算机网络的出现和发展给人们的生产和生活方式带来了巨大的变化，引发了经济和社会的变革。现在，计算机网络已经深入人们生活与工作的方方面面，如网上交流、网上购物、网络视频会议、远程医疗、网上订票等，都极大方便了人们的工作与生活。

那么，计算机网络的定义是什么？它的功能是什么？它是由什么组成的？它的未来发展如何？应怎样应用计算机网络？在弄清楚这些问题后，我们才可以更好地理解和掌握计算机网络的概念。

### 一、计算机网络的定义

计算机网络是指将地理位置不同的、具有独立功能的多台计算机及其外部设备，通过通信线路和通信设备连接起来，在网络操作系统、网络管理软件及网络通信协议的管理和协调下，实现资源共享和信息传递的计算机系统。简单而言，计算机网络是一些相互连接的、以共享资源为目的的、自治的计算机的集合。

### 二、计算机网络的功能

计算机网络的功能很多，数据通信、资源共享和分布处理是其中最重要的三个功能。

### （一）数据通信

数据通信是计算机网络最基本的功能。它的作用是快速传送计算机与终端、计算机与计算机，以及终端与终端之间的各种信息，包括文字信息、音频信息、视频信息、图片信息等。利用数据通信的交互性特点，可将分散在各个地区的单位或部门用计算机网络联系起来，进行统一的调配、控制和管理。

## （二）资源共享

"资源"指的是网络中所有的软件、硬件和数据资源。"共享"指的是网络中的用户都能够部分或全部享受这些资源。例如，某些地区或单位的数据库可供全网使用；某些单位设计的软件可供需要的地方有偿调用或办理一定手续后调用；一些外部设备（如打印机）可面向用户，使没有这些设备的用户也能通过远程操作使用这些硬件设备。如果没有资源共享，各地区就都需要有一套完整的软、硬件及数据资源体系，这将极大地增加全系统的投资。

## （三）分布处理

当某台计算机负载较大或正在处理某项工作时，网络可将新任务转交给空闲的计算机来完成，这样处理能均衡各计算机的负载，提高问题处理的实时性。对大型综合性问题，可将其各部分交给不同的计算机分头处理，这样可以充分利用网络资源，增强计算机的处理能力，即增强实用性。对解决复杂问题而言，多台计算机联合使用并构成高性能的计算机体系，这种协同工作、并行处理方式的性价比比单独购置一台高性能的大型计算机高很多。

除上述三大基本功能外，计算机网络还具备可靠性。其表现在网络中的各计算机可以通过网络彼此互为后备，一旦某台计算机出现故障，故障计算机的任务可由其他计算机代为处理，避免了在无后备机的情况下，某台计算机出现故障导致系统瘫痪的现象，大大提高了系统的可靠性。

# 三、计算机网络的组成

通俗地说,计算机网络就是将多台计算机（或网络设备）通过传输介质和软件（协议）连接在一起的系统。总体而言，计算机网络由网络硬件和网络软件组成。

## （一）网络硬件

### 1. 主机

这里所说的主机是广义的，它包括计算机、服务器、笔记本电脑、平板电脑和手持设备等。

### 2. 传输介质

传输介质是计算机网络中最基础的通信设施，对网络性能的影响很大。衡量传输介质性能优劣的主要技术指标有传输距离、传输带宽、衰减、抗干扰能力、连通性等。

传输介质分为两大类：有线传输介质和无线传输介质。有线传输介质包括电缆、光纤和双绞线等；无线传输介质包括微波、无线电波和红外线等。

### 3. 网络设备

#### 1）网卡

网卡又称网络适配器或网络接口卡（NIC），是连接计算机和传输介质的接口，它不仅能实现与传输介质之间的物理连接和电信号匹配，还具有帧的发送与接收、帧的封装与拆封、介质访问控制、数据的编码与解码，以及数据缓存等功能。

按照传输介质划分，网卡分为有线网卡和无线网卡；按照是否为独立部件划分，网卡分为独立网卡和集成网卡。

#### 2）调制解调器

调制解调器是一种信号转换装置。其作用是：发送信息时，将计算机的数字信号转换成可以通过模拟通信线路传输的模拟信号，这就是"调制"；接收信息时，将模拟通信线路上传来的模拟信号转换成数字信号传送给计算机，这就是"解调"。

#### 3）中继器与集线器

中继器是最简单的网络延伸设备，其作用就是放大通过网络传输的数据信号。集线器可以说是一种特殊的中继器，也称多口中继器，其作用只是简单地接收数据信号并将其发送到其他所有端口。

#### 4）交换机

交换机是将多台主机相互连接构成局域网络的主要设备。当前应用最为广泛的交换机是以太网交换机。以太网交换机一般有很多个 RJ-45 接口，通过这些接口，可以将多台有以太网接口的计算机用双绞线连接起来，形成一个物理上可以连通的局域网络。这是目前最常用，也是最常见的连接方式。

#### 5）无线接入点

无线接入点是用于无线网络的无线交换机，通过无线信号将安装有无线网卡的主机或设备连接起来形成一个被无线信号覆盖的局域网络。

6）路由器

路由器是指将不同的局域网、园区网连接起来形成更大的网络的设备。它主要负责在网络间将数据包从源位置转发到最终目的地的路径选取工作。

## （二）网络软件

计算机网络中的网络软件包括如下几种。

### 1. 网络操作系统

常用的网络操作系统有 Windows Server、Netware、UNIX、Linux 等。

### 2. 网络通信协议

网络设备之间如果需要成功地发送和接收信息，就必须制定相互都能接受并遵守的语言和规范，这些规则的集合就称为网络通信协议，常见的网络通信协议有 TCP/IP、IPX/SPX、NetBEUI 等。

### 3. 网络软件

网络软件主要包括网络数据库系统、网络管理软件、网络工具软件和网络应用软件。

## 四、计算机网络的应用

计算机网络在资源共享和信息交换方面所具有的功能是其他系统不能替代的。计算机网络的高可靠性、高性价比和易扩充性等优点，使它在工业、农业、交通运输、邮电通信、文化教育、商业、国防及科学研究等各个领域中获得了越来越广泛的应用。计算机网络的应用范围十分广泛，下面仅列举一些具有普遍意义和典型意义的应用领域，如办公自动化、电子数据交换、远程交换、远程教育、电子银行、电子公告板系统、搜索引擎、Web 服务、电子邮件（E-mail）、域名系统（DNS）、文件传输协议（FTP）、远程登录（Telnet）、多媒体网络应用。

# 第二节  计算机网络的分类

计算机网络有多种分类形式。如按网络覆盖范围划分，可分为局域网、城域网、广域网、接入网；按逻辑功能划分，可分为资源子网、通信子网；按管理性质划分，可分为客户机/服务器网络、对等网络；按传输方式划分，可分为广播式网络、点对点网络；按数据交换方式划分，可分为电路交换、报文交换、分组交换；按网络用途划分，可分为公用网、专用网。本节将对上述计算机网络的划分方式进行详细叙述。

## 一、按网络覆盖范围划分

### （一）局域网

局域网（LAN）是指一组相互连接、接受统一管理控制的本地网络。局域网一般限定在较小的区域内，覆盖范围一般不超过 10 km$^2$，属于一个部门或单位组建的小范围网络。其特点主要有：①传输速度高，但覆盖范围有限；②主要面向单位内部提供各种服务。

### （二）城域网

城域网（MAN）位于骨干网与接入网的交汇处，是通信网中最复杂的应用环境，各种业务和协议都在此汇聚、分流和进出骨干网。多种交换技术和业务网络并存的局面是城域网建设所面临的最主要的问题。其特点主要有：①传输速度高，网络覆盖范围局限在一个城市；②面向一个城市或一个城市的某系统内部提供电子政务、电子商务等服务。

### （三）广域网

广域网（WAN）的覆盖范围比局域网和城域网都大。广域网的通信子网主要使用分组交换技术。通信子网利用公用分组交换网、卫星通信网和无线分组交换网，将分布在不同地区的局域网或计算机系统连接起来，达到资源共享的目的。互联网是世界范围内最大的广域网。

### （四）接入网

接入网（AN）又称本地接入网或居民接入网，是近年来由于用户对高速上网需求的增加而出现的一种新型网络类型。

局域网、城域网和广域网的比较见表 1-1。

表 1-1 局域网、城域网和广域网的比较

| 网络类型 | 覆盖范围 | 传输速度 | 数据稳定性 | 使用方向 |
|---|---|---|---|---|
| 局域网 | 很小 | 很快 | 稳定 | 局部资源共享，部分网络服务应用 |
| 城域网 | 小 | 快 | 稳定 | 城市范围内的网络服务应用 |
| 广域网 | 大 | 较快 | 较稳定 | 全世界范围内网络服务的广泛应用 |

## 二、按逻辑功能划分

资源子网：资源子网负责全网的数据处理业务，并向网络用户提供各种网络资源和网络服务。资源子网主要由主机、终端及相应的 I/O 设备、各种软件资源和数据资源组成。

通信子网：通信子网的作用是为资源子网提供传输、交换数据信息的能力。通信子网主要由通信控制处理机、通信链路及其他设备（如调制解调器等）组成。

## 三、按管理性质划分

按管理性质的不同，计算机网络可分为客户机/服务器（C/S）网络和对等网络。

在 C/S 网络中，服务器是高性能的计算机，专门为其他计算机提供服务；客户机是通过向服务器发出请求获得相关服务的计算机。

在对等网络中，所有计算机的地位是平等的，没有专门的服务器。每台计算机既作为服务器，又作为客户机；既为其他计算机提供服务，又从其他计算机那里获得服务。由于对等网络没有专门的服务器，因此只能分别管理，不能统一管理，管理起来不是很方便。因此，对等网络一般应用于计算机较少、安全性不高的小型局域网中。

## 四、按传输方式划分

按传输方式的不同，计算机网络可分为广播式网络和点对点网络。

广播式网络是指网络中的计算机或者设备使用一个共享的通信介质进行数据传播，网络中的所有节点都能收到任一节点发出的数据信息。

点对点网络是指网络中的两个节点是点对点通信的。若两台计算机之间没有直接连接的线路，它们之间的通信就要通过中间节点来接收、存储和转发，直至

到达目的地。

## 五、按数据交换方式划分

按数据交换方式的不同,计算机网络可分为电路交换、报文交换和分组交换。

### (一)电路交换

电路交换是指在发送方和接收方设备之间建立一条专用的物理链路,并在通话期间保持不变。

优点:①实时性好;②数据传输速率稳定;③不存在信道访问延迟。

缺点:①不能充分发挥传输媒介的潜力;②传输媒介的价格昂贵;③长距离连接的建立过程长。

### (二)报文交换

报文交换以报文为传输单位,报文中携带目的地址、源地址等信息。报文在从源节点到达目的节点的过程中无须提前建立链接,而是根据网络实际情况进行相应的路由选择,在交换节点处采用存储—转发的传输方式。

优点:①提供有效的通信管理;②减轻网络通信的拥堵状况;③比电路交换更加有效地利用信道资源;④在不同时区里提供异步通信能力。

缺点:①不能满足实时应用的要求;②投资可能较大;③不适合交互式通信。

### (三)分组交换

分组交换在发送端先把较长的报文划分成较短的、固定长度的数据段,然后在每个数据段前面添加首部构成分组,接着以分组为传输单元将它们依次发送到接收端,最后接收端收到分组后,剥去首部还原成报文。

优点:①在繁忙的通信电路中,由于其能将数据分割到不同的路由中,因此能对带宽资源进行有效利用;②在传输过程中,如果网络中的一条特定链路出现故障而中断,剩余数据包可通过其他路由传送。

缺点:①存在存储—转发延迟;②存在排队延迟;③可能出现数据包丢失。

电路交换、报文交换和分组交换的对比见表1–2。

表1-2　电路交换、报文交换和分组交换的对比

| 项目 | 电路交换 | 报文交换 | 分组交换 |
|---|---|---|---|
| 数据传输单位 | 整个报文 | 分短报文 | 分组 |
| 链路建立与拆除 | 需要 | 不需要 | 不需要 |
| 路由选择 | 链路建立时 | 每个报文进行 | 每个分组进行 |
| 链路故障影响 | 无法继续传输 | 无影响 | 无影响 |
| 传输延迟 | 需要一定的链路建立时间，但数据传输延迟最短 | 不需要建立链路，但存储—转发因排队会出现延迟，数据传输慢 | 不需要建立链路，但存储—转发因排队会出现延迟，数据传输比报文交换传输快 |

## 六、按网络用途划分

公用网：公用网一般是由国家邮电或电信部门建设的通信网络，由政府电信部门管理和控制。按规定缴纳相关租用费用的部门和个人均可以使用公用网，如公用电话交换网（PSTN）、数字数据网（DDN）、综合业务数字网（ISDN）等。

专用网：专用网是指单位自建的、满足本单位业务需求的网络。专用网不向本单位以外的人提供服务，如金融、石油、军队、铁路、电力等系统均拥有本系统的专用网。随着信息时代的到来，各企业纷纷采用 Internet 技术建立内部专用网（Intranet）。专用网以 TCP/IP 为基础，以 Web 为核心应用，组成统一和便利的信息交换平台。

# 第三节　计算机网络的体系结构

计算机领域通常把计算机网络协议和网络各层功能的集合称为计算机网络的体系结构。本节将从网络协议着手，简述计算机网络的体系结构。

## 一、计算机网络协议

### （一）计算机网络协议概述

如前文所述，计算机网络是由多种计算机和各类终端，通过通信线路连接起来的一个复杂系统。要实现资源共享、负载均衡、分布处理等功能，就离不开信息交换（即通信），而信息的交换必须按照共同的规约进行。例如，网络中的两

个操作员利用各自的终端通过网络进行通信,如果这两台终端使用的字符集不同,那么操作员就识别不了彼此的输入。为了进行通信,必须规定每个终端都要首先将各自字符集中的字符转换为标准字符集中的字符,才进入网络传输,到达目的终端后,再转换为该终端字符集的字符。当然,对于不兼容的终端,除需要转换字符集外,还要进行其他的参数转换,如显示格式、行长、行数、屏幕滚动方式等。这样的协议通常称为虚拟终端协议。又如,通信双方常常需要约定如何开始通信、如何识别通信内容以及如何结束通信,这也属于协议的内容。一般而言,所谓网络协议就是通信双方共同遵循的规则和约定的集合。

### (二)计算机网络协议分层

为了简化计算机网络设计的复杂程度,一般将网络功能分为若干层次,每层完成确定的功能,下层为上层提供服务,上层利用下层提供的服务。两个主机对应层之间均按同等层协议通信。为了使不同类型的计算机之间能够相互连接,许多国际或地区性的组织,甚至一些计算机的生产厂家各自建立了不同网络分层模型。较著名的有国际标准化组织(ISO)的开放系统互连参考模型(OSI/RM)、电气与电子工程师协会(IEEE)的 802 标准、Internet 的 TCP/IP 协议簇、国际商业机器公司(IBM)的 SNA 协议簇、美国数字设备公司(DEC)的 DNA 协议簇等。

## 二、国际标准化组织的开放系统互连参考模型

为了使网络系统结构标准化,ISO 提出了开放系统互连参考模型。所谓的开放系统是指一个系统在它和其他系统进行通信时能够遵循 ISO 的 OSI 标准的系统,按照 ISO 的 OSI 标准研制的系统均可实现互连。ISO 从 1978 年 2 月开始研究 OSI 模型,1983 年形成正式标准。在 ISO 发布 OSI 的正式标准之后,许多厂商和一些国家的政府纷纷宣布支持该标准,但是 10 年后,随着 Internet 覆盖全球,TCP/IP 协议簇成了事实上的标准,究其原因,主要是因为 OSI 协议过于复杂,甚至没有一个完全按照 OSI 标准生产的网络设备进入市场。尽管 OSI 协议在商业竞争中失败了,但是它的层次概念还是有助于网络基础知识的学习。在本书之后的内容中,还会用到 OSI 的一些概念,因此,现在仍有必要对 OSI 参考模型进行介绍。

### （一）OSI 参考模型的分层结构及分层原则

OSI 参考模型包括七层功能及其对应的协议，每层完成一个明确定义的功能并按协议相互通信。每层向上提供所需服务，在完成本层协议功能时使用下层提供的服务。各层的服务相互独立，层间的相互通信通过层接口实现，只要保证层接口不变，那么任何一层实现技术的变更均不影响其余各层。

OSI 参考模型的分层原则主要有：①分层不要太多，以免给描述各层和将它们结合为整体的工作带来不必要的困难；②每层的界面都应设在接口信息量最少的地方；③应建立独立的层次来处理差别明显的功能；④应把类似的功能集中在同一层；⑤每一层的功能选定都应基于已有的功能经验；⑥应对容易局部化的功能建立一层，使该层可以整体地重新设计，并且当为了采用先进技术对协议做较大改变时，无须改变它和上、下层之间的接口关系；⑦在需要将相应接口标准化的那些地方建立边界；⑧允许在一个层内改变功能和协议，而不影响其他层；⑨对每一层仅建立它与相邻上、下层的边界；⑩在需要不同的通信服务时，可在每一层再设置子层，当不需要该服务时可绕过这些子层。

### （二）OSI 参考模型的各层内容

#### 1. 物理层

物理层是 OSI 参考模型的第一层。其功能是提供网内两实体间的物理接口和实现它们之间的物理连接，按比特流传送数据，将数据从一个实体经物理信道送往另一个实体，为数据链路层提供一个透明的比特传送服务。

物理层的主要功能有：①确定物理介质的机械、电气功能以及规程的特性，并能在数据终端设备（DTE）如计算机、数据电路终端设备（DCE）如调制解调器，以及数据交换设备（DSE）之间完成物理连接，并且提供启动、维持和释放物理通路的操作；②在两个物理连接的数据链路实体之间提供透明的比特流传输。这种物理连接可以是永久的，也可以是动态的；可以是全双工的，也可以是半双工的；③在传输过程中能对传输通路的工作状态进行监视，一旦出现故障立即向 DTE 和 DCE 报告。典型的物理层标准有美国电子工业协会（EIA）的 EIA—232 标准和 RS449 标准、国际电报电话咨询委员会（CCITT）的 X.21 标准等。

#### 2. 数据链路层

数据链路层是 OSI 参考模型的第二层。其主要功能是对高层屏蔽传输介质的物理特性，保证两相邻（共享一条物理信道）节点之间的无差错信道服务。数据链路层的具体工作过程主要有：①接收来自上层的数据；②给它加上某种差错校验位（因物理信道有噪声）以及数据链路协议控制信息和首、尾分界标志；③组成帧，它是数据链路协议单元；④从物理信道上发送出去，同时处理接收端的回答，检查是否重传出错和有丢失的帧，保证按发送次序把帧正确地交给对方；⑤负责传输过程中的流量控制、启动链路、同步链路的开始和结束等；⑥完成对多站线、总线、广播信道上各站的寻址。

数据链路层协议可以分为两类：面向字符的协议和面向位的协议。

### 3. 网络层

网络层是 OSI 参考模型的第三层。该层的基本功能是接收来自源计算机的报文（Message），把它转换成包（Packet），选择正确的输出通路，送到目标计算机。包在源机和目标机之间建立起的网络连接上传输，当它到达目标机后再装配还原成报文。

网络层是通信子网的边界层次，它决定主机和通信子网接口的主要特征，即传输层和数据链路层接口的特点。

### 4. 传输层

传输层又叫端到端协议层，它是 OSI 参考模型的第四层，也是网络高层与网络低层之间的接口。该层的功能是提供一种独立于通信子网的数据传输服务（即对高层屏蔽通信子网的结构），使源机与目标机像是点到点简单地连接起来一样，尽管实际连接可能是一条租用线或各种类型的包交换网。传输层的具体工作是负责两个会话实体之间的数据传输，接收会话层送来的报文，把它分成若干较短的片段（因为网络层限制传输的包的最大长度），保证每个片段都能正确到达，并按它们发送的顺序在目标机重新汇集起来（这一工作也可在网络层完成）。

传输层使用传输地址建立传输连接，完成上层用户的数据传输服务，同时向会话层、应用层各进程提供服务。

### 5. 会话层

会话层是 OSI 参考模型的第五层。该层的任务是为不同系统中的两个进程建立会话连接，并管理它们在该连接上的对话。

会话是通过"谈判"的形式建立的。当任意两个用户（或进程）要建立"会话"时，要求建立会话的用户必须提供对方的远程地址（会话地址）。会话层将会话地址转换成与其相对应的传送站地址，以实现正确的传输连接。会话可使用户

11

进入远程分时系统或在两主机间进行文件交换。

会话层的另一个功能是会话建立后的管理。例如，若传输连接是不可靠的，则会话层可根据需要重新恢复传输连接。

会话层还可为其上层提供下述服务。

会话类型：连接双方的通信可以是全双工，也可以是半双工或单工。

隔离：当会话信息少于某一定值（隔离单位）时，会话层用户可以要求暂不向目标用户传输数据。这种服务对保证分布式数据库的数据完整性是很有用的。

恢复：会话层可以使用同步点来进行差错恢复。一旦两个同步点之间出现某种差错，会话层实体便可以从上一同步点开始重新发送所有数据。

6. 表示层

表示层又称为表达层，它是 OSI 参考模型的第六层。该层完成许多与数据表示有关的功能。这些功能包括字符集的转换、数据的压缩与解压、数据的加密与解密、实际终端与虚拟终端之间的转换等。

7. 应用层

应用层又称为用户层，它是 OSI 参考模型的最高层。该层负责两个应用进程之间的通信，为网络用户之间的通信提供专用应用程序包。应用层相当于是一个独立的用户。其功能包括网络的透明性、操作用户资源的物理配置、应用管理和系统管理、分布式信息服务等。它包括了分布环境下的各种应用（有时把这些应用称为网络实用程序）。这些实用程序通常由厂商提供，包括电子邮件、事务处理、文件传输等。

## 三、Internet 的 TCP/IP 分层模型

TCP/IP 是传输控制协议 / 网际协议（Transmission Control Protocol / Internet Protocol）的缩写，它是针对 Internet 开发的体系结构和协议标准。TCP/IP 起源于 20 世纪 70 年代中期，当时为了实现异种网之间的互联，美国国防部高级研究计划局（DARPA）资助研究的网络互联技术，期间陆续发布了 TCP/IP 的体系结构和协议规范的内容。

1980 年，美国国防部高级研究计划局将其所建立的计算机网络（ARPANET）上的所有计算机转向 TCP/IP，并以 ARPANET 为主干建立了 Internet。经过 40 余年的发展，TCP/IP 越来越完善，目前已成为异种计算机联网的主要协议，成为许

多操作系统中的标准配置。

　　在 TCP/IP 中，只有四层结构，因为它是网络互连协议，可将各种不同的网络连接在一起，它本身并不涉及具体的网络硬件，所以 TCP/IP 无需物理层和数据链路层。

　　TCP/IP 各层及其功能如下：①网络接口层。该层负责管理设备与网络之间的数据交换，以及同一网络中设备之间的数据交换。客观存在接收上一层的 IP 包，通过物理网络向外发送，或者接收和处理从网络上来的物理帧，从中抽取 IP 包，并传递给上层。②网络层。该层完成 OSI 参考模型中网络层的功能，它把来自传输层的报文封装成一个个 IP 包，并根据要发往的目标主机的地址进行路由选择处理，最后将这些 IP 包送到目标主机。③传输层。该层为应用层的应用进程和应用程序提供端到端的通信功能。④应用层。该层位于 TCP/IP 的最上层，与 OSI 参考模型的最高三层相对应，为应用程序提供相应的功能。

　　TCP/IP 分层模型与 OSI 参考模型的对应关系见表 1-3。

表 1-3　TCP/IP 分层模型与 OSI 参考模型的对应关系

| | OSI 七层结构 | TCP/IP 四层结构 |
|---|---|---|
| 对应关系 | 应用层 | 应用层 |
| | 表示层 | |
| | 会话层 | |
| | 传输层 | 传输层 |
| | 网络层 | 网络层 |
| | 数据链路层 | 网络接口层 |
| | 物理层 | |

# 第二章　数据通信基础知识

## 第一节　数据通信的基本概念

计算机网络是计算机技术和通信技术相结合的产物，计算机网络的发展离不开通信技术的发展。

通信技术主要指数据通信，通常由硬件来实现。程序员和用户虽然并不是必须了解这些技术细节，但为了搭建网络，以及更好地处理由硬件带来的错误，也需要掌握一些基本的数据通信知识。学习本章的内容将会对理解数据通信技术的基本原理和实现方法有很大帮助。

数据通信就是数据传输，这是计算机网络最基本、最重要的功能，也是计算机网络的基础。计算机通过二进制符 0、1 来表示数据，数据通信就是考虑如何将这些数据通过网络正确而有效地从一台计算机传输到另一台计算机上进行处理或使用。

### 一、信息、数据与信号

在数据通信领域，信息、数据与信号是三个常用术语，分别被用于通信的不同层次。

通信的目的就是交换与共享信息。信息是最接近于人类思维的一层。信息表现为文字、数字、表格、图形、图像或语音等多媒体数据。为了传输这些信息，计算机将其转译为二进制代码的数据。数据为了能够在网络中传输，必须被转化为能够在物理介质上前进的信号。信号可以被视为将数据表示为电压、电流等物理量的变化。信号是最接近物理介质的一层。因此，我们可以认为，信号就是数据的物理量编码（通常为电编码）。数据的单位为位（Bit），又称为比特；信号的单位为码元（Code Cell），顾名思义，就是时间轴上一个信号编码单元。

此外，还有一个常用的术语是消息。信息是一个泛指的、不可数的概念，当具体指传递的某一条信息时，我们可以使用"消息"一词。

## 二、模拟信号与数字信号

无论是数据还是信号，都可以被分为两种：模拟的和数字的。模拟信号可以简单理解为在时间上连续变化的无穷多个值；数字信号则可以理解为在时间上离散的点值，取值域一般是元素个数有限的点集（最常见的是两个，因为计算机使用的是二进制数据）。

声音、光等在介质中传输时都是以正弦载波（Wave Carrier）的方式前进，模拟信号就是类似的正弦波。例如，当人们说话时，声音以声波的方式传播，声音的大小是连续变化的，因此，传送声音信息的信号就是一种模拟信号。电话系统就是典型的模拟系统。

数字信号一般使用有 / 无电平（或者正 / 负电平）来表示不同的数据，被表示为方波形。

计算机通信的一个很重要的特点就是离散化，而传统通信多为模拟信号，这就是在设计时需要使用各种调制技术的根源，也是在设计网络时一定要考虑的问题。在学习计算机网络时，一定要搞清楚在某处的信号是数字信号还是模拟信号。

## 三、信道

信道可以简单地理解为信息传输的通道，它由相应的信息发送设备、信息接收设备和将这些设备连接在一起的传输介质组成。信道一般具有方向性，也就是说，节点 A、B 之间的信道一般有两条，一条用于 A 发送信号、B 接收信号，另一条用于 B 发送信号、A 接收信号。我们将发送信号的一方称为发送方，将接收信号的一方称为接收方。

从通信信号的形式来看，一般将适用于传输模拟信号的信道称为模拟信道，将适用于传输数字信号的信道称为数字信道。模拟信道与数字信道的并存会增加物理层的复杂性。数字信号可以直接通过数字发送器进入数字信道传输，也可以通过调制器调制成模拟信号后使用模拟信道传输。一般而言，数字发送器比调制设备更简单、更便宜。模拟信号可以直接送入模拟信道传输，也可以通过 PCM 编码器转换为数字信号后在数字信道中传输，以便使用先进的数字传输与交换设备。

## 四、通信类型

### （一）按照通信过程中双方数据流动的方向分类

如果连接节点 A、B 的信道允许双方同时向对方传递信息，则称该信道为全双工信道，称此通信方式为双向同时通信或全双工通信。

如果连接节点 A、B 的信道只允许单方向传输信息（如电视、广播等），则称该信道为单工信道，称此通信方式为单向通信或单工通信。

如果连接节点 A、B 的信道允许双方交替发送和接收信息（如对讲机等），则称该信道为半双工信道，称此通信方式为双向交替通信或半双工通信。

### （二）按照信号类型分类

如果传输的信号是模拟信号，则称该通信为模拟通信；如果传输的信号是数字信号，则称该通信为数字通信。

### （三）按照通信时使用的信道数量分类

数据通信按照通信时使用的信道数量可以分为串行通信和并行通信。串行通信是指将数据按位依次在一个信道上传输。并行通信是指数据同时在多个并行的信道上传输。

### （四）按照传输技术分类

网络要通过通信信道来完成数据传输任务，所采用的传输技术分为广播式和点对点式。

广播式通信仅有一条通信信道，由网络中所有机器共享，网络使用一对多的通信方式。也就是说，网络中任何一个节点发送的信号，其他所有节点都能够接收到，因此需要有地址字段指明应该哪个节点接收，也可以指明群发给某些或所有节点。例如，教师在讲课时，教室里的所有学生都能够听到（收到了通过空气传播的声音信号）。此时，教师说："张三，请你回答这个问题。"在这句话里，"张三"就指明了目的地址。因此，虽然所有学生都听到了这句话，但只有张三会回答（响应）。

与之相反，点对点式通信在一对一的两个节点之间进行。通信双方的两个节点独占它们之间的信道。这样，两个节点的通信可能需要通过一个或者多个中间节点，一对对节点之间的多条点到点连接可以构成共源站点到目的站点的路径。

局域网通常采用广播式通信，广域网主要采用点对点式通信。

# 第二节 信道传输介质

计算机网络中的传输线路是网络中的物理信道，计算机网络中使用各种传输介质来组成物理信道，通过物理信道实现数据的通信。传输设备在发送端将数据转换成离散的电信号比特流传输到传输介质，并控制此数据流通过传输介质传输到目的端，目的端将接收到的比特流进行转换，恢复成数据，送给目的端应用程序，达到数据通信的目的。

在网络中存在多种传输介质，常用的传输介质有双绞线、同轴电缆、光纤等。传输介质的选择主要从传输距离、传输速率、价格、安装难易程度和抗干扰能力等方面考虑。

## 一、双绞线

双绞线由约 1mm 的互相绝缘的一对铜导线扭在一起组成，一共四对，封装在一起。采用对称均匀绞合起来的结构可以减少线与线之间的电磁干扰，双绞线早期主要用于电话通信中传输模拟信号，现在被广泛用于楼宇中电话模拟信号和网络数字信号的传输。

双绞线安装容易、价格低廉，是一种简单、经济的物理介质。相对其他传输介质而言，双绞线支持的传输距离较短，一般在百米数量级范围内。双绞线的传输距离与它传输的数据速率有关，传输距离越短，能支持的数据传输速率越高。双绞线的传输速率一般是以 100 m 的传输距离来定义的。

早期的双绞线传输速率不高，在 100 m 的传输距离内，仅能支持 10 Mbps 的传输速率。近些年，随着网络技术的发展，双绞线的传输速率不断得到提高。在 100 m 的传输距离内，传输速率已经提升到 100 Mbps、1 000 Mbps。

由于 100 m 的传输距离对于楼宇而言已经足够了，加之目前的双绞线已经能支持很高的传输速率，所以双绞线成为楼宇布线的主要线缆，被广泛用于楼宇综合布线系统中。

随着技术的发展，网络传输速度不断提高，双绞线支持的传输速度也在不断提高。目前双绞线主要有三类双绞线、四类双绞线、五类双绞线、超五类双绞线及六类双绞线等。

在 100 m 的传输距离内，三类双绞线可以支持 10 Mbps 的传输速率，而五类双绞线、超五类双绞线可以实现 100 Mbps 的传输速率，六类双绞线可以实现 1 000 Mbps 的传输速率。

双绞线一般有屏蔽双绞线（STP）和非屏蔽双绞线（UTP）之分。STP 外面由一层金属材料包裹，以减小辐射，防止信息被窃听。屏蔽双绞线价格较高，安装也比较复杂，主要用于保密网的布线。UTP 无金属屏蔽材料，只有一层绝缘胶皮包裹，价格相对较低，组网灵活，在网络楼宇布线中得到广泛的使用。

## 二、同轴电缆

同轴电缆的芯线为铜质芯线，外包一层绝缘材料，绝缘材料的外面是由细铜丝组成的网状导体，再在由细铜丝组成的网状导体外面加一层塑料保护膜，其中由细铜丝组成的网状导体对中心芯线起着屏蔽的作用。由于芯线与网状导体同轴，故名同轴电缆。由于网状导体的屏蔽作用，同轴电缆具有高带宽和极好的抗干扰能力。

同轴电缆又分为基带同轴电缆和宽带同轴电缆。

基带同轴电缆又称为 50 Ω 同轴电缆，以它的特性阻抗为 50 Ω 而命名，基带同轴电缆用于传输数字信号。通常把表示数字信号的方波所固有的频带称为基带，这正是 50 Ω 同轴电缆被称为基带同轴电缆的原因。

基带同轴电缆主要用于基带信号传输，传输带宽为 1~20 MHz。总线型以太网就是使用 50 Ω 同轴电缆，使用 50 Ω 同轴电缆的以太网可以实现 10 Mbps 的数据速率。基带同轴电缆又分为粗缆和细缆，它们的安装方式不相同，细缆使用 T 形接头实现连接，粗缆使用收发器实现连接。它们的安装都很容易。在以太网中，一段 50 Ω 同轴电缆的最大传输距离为 185 m，粗同轴电缆可达 500 m。计算机网络中基带同轴电缆传输的数字信号编码多为曼彻斯特码和差分曼彻斯特码。

由基带同轴电缆构成的基带传输线路，具有安装简单并且价格低廉的优点，但由于在传输过程中基带信号容易发生畸变和衰减，所以传输距离不能很长，一般为几百米。

宽带同轴电缆频带较宽，一般可以达到几百兆赫兹。宽带同轴电缆主要用于模拟信号的传输。电视网络使用的电缆就是宽带电缆，由于电视电缆的特性阻抗为 75 Ω，又称为 75 Ω 同轴电缆。

宽带同轴电缆由于频带较宽，一般采用频分多路复用技术将多路模拟信号经频率迁移后通过一根宽带电缆传输，实现了一根线缆传输多路模拟信号的功能。

75 Ω 同轴电缆的带宽一般可达 1 GHz，目前常用的有线电视电缆就是宽带同轴电缆，也称为 CATV 电缆。CATV 电缆的带宽为 750 MHz。

闭路电视就是使用宽带同轴电缆并采用多路复用技术进行传输的典型例子。在闭路电视中，每一路（频道）电视节目的带宽为 6 MHz，闭路电视传输系统将 CATV 电缆的 750 MHz 带宽分成若干子信道，每一个子信道带宽为 6 MHz，每一个子信道传输一路电视信号，通过这样的方式，实现了一根 CATV 电缆传输多路频道的节目的目的。

网络中使用宽带同轴电缆往往是把计算机产生的数字信号转换成模拟信号在宽带同轴电缆上传输，在两端要分别加上调制器和解调器。CATV 电缆也可以采用频分多路复用技术（FDM），把整个带宽划分为多个独立的信道，分别传输数字、声音和视频信号。

宽带系统的优点是传输距离远，可达几万米，并且可同时提供多个信道。然而，和基带系统相比，它的技术更复杂，宽带系统的接口设备也更昂贵。

基带系统与宽带系统的主要不同点是基带系统用基带电缆直接传输数字信号，传输没有方向性，可以双向传输。宽带系统用宽带电缆传输模拟信号，由于模拟信号经放大器后只能单向传输，所以宽带系统若不加处理，只能单向传输。在网络中使用宽带电缆进行数据传输时，由于网络需要双向传输，因此需要进行技术处理，处理的方法是把整个 750 MHz 的带宽划分为两个频段，分别在两个方向上传送信号。也可以使用两根电缆，每根电缆分别负责一个方向的传输。虽然两根电缆相较于单根电缆费用要增加，但信道容量却提高了一倍多。

## 三、光纤

随着网络的普及，各种网络业务广泛开展，对网络的传输速度也提出了更高的要求。传统的双绞线、同轴电缆难以满足网络对高速、大容量的要求，在这种背景下，光纤传输技术迅速发展起来。

光纤由能传送光波的超细玻璃纤维制成，外包一层比玻璃折射率低的材料，称为包层。光通过纤芯进行传输，因光在不同物质中的传播速度是不同的，所以光从一种物质射向另一种物质时，在两种物质的交界面处会产生折射和反射。当入射光的角度达到或超过某一角度时，折射光会消失，入射光全部被反射回来，这就是光的全反射。光纤通信就是利用光在纤芯中传输时不断地被包层全反射，从而实现向前传输的。

光纤通过光信号进行数据传输，在传输信号时，光纤通信系统的光电转换设备将来自发送方的电信号转换成光信号，通过光纤线路传输到对端，然后再通过光电转换设备进行反转换，将光信号恢复成电信号，交给目的端。

数字信号是由 0 和 1 组成的数字系列。当需要传输 1 时，有光脉冲信号送入光纤；当需要传输 0 时，则没有光脉冲信号送入光纤。由于可见光的频率非常高，因此，一个光纤通信系统的传输带宽远远大于目前其他传输介质的带宽，能实现数据的高速传输。

用光纤来传输电信号时，先要将电信号转变成光信号，通过光纤进行传输，到达后，再将光信号还原成电信号。将电信号转变成光信号由发光二极管（LED）或注入激光二极管（ILD）完成。这两种器件在有电流脉冲通过时，都能发出光脉冲，将电信号转变成光脉冲信号。在发送端，经电光转换后的光脉冲信号被送入光纤中进行传输；传输到达接收端后，接收端用光电二极管作光检测器，将光脉冲信号还原成相应的电脉冲信号。

在实际光传输系统中，将电信号转换成光信号和将光信号转换成电信号都是由收发器来完成的。收发器内部有发光二极管和光电二极管等器件，在发送端，收发器完成发送功能，将电信号转变成光脉冲信号送入光纤线路；在接收端，收发器完成接收功能，将光信号恢复成电信号。

由于光纤具有传输频带宽、传输速率高、传输损耗小、中继距离远、传输可靠性高、误码率低、不受电磁干扰、保密性好等一系列优点，光纤通信技术日益受到重视。近年来，光纤通信技术得到迅速的发展，成为通信技术中一个十分重要的领域。

光纤按传输模式可分为单模光纤和多模光纤。单模光纤的芯径很小，只允许进入光纤的光线是与轴线平行的，即只有一种射入角度；多模光纤的芯径较大，可以允许光波以多个特定的角度射入光纤进行传输。

单模光纤的收发器不使用普通的发光二极管，而是使用昂贵的半导体激光器，因而成本相对较高。但单模光纤传输衰减较小，可以传输较远的距离，一般在远距离的传输中使用。单模光纤的传输距离可达几千米、几十千米，甚至上百千米。1992 年 3 月，横跨大西洋的光纤系统投入使用，使用的就是单模光纤，当时的传输速率已经可达 5 Gbps。

多模光纤的收发器使用普通发光二极管产生光源，因而收发器相对较便宜。多模光纤主要是反射传输，每次反射都将产生一定的衰减。相对单模光纤，多模光纤的传输衰减较大，传输距离不能太远。一般多模光纤的传输距离在 500 m 左右。

## 四、无线信道

前面提到的由双绞线、同轴电缆和光纤等传输介质组成的信道统称为有线信道，而网络数据的传输也可通过空间电磁波传播实现，当通信距离很远，且需要跨越高山、岛屿等地形时，空间传输就具有更强的优越性。空间传输的信道称为无线信道，包括微波、激光、红外和短波信道。

微波通信的价格较高，安装也更难，传输速率一般为 1~10 Mbps。微波通信系统又可分为地面微波系统和卫星微波系统，两者的功能相似，但通信能力有很大差别。地面微波系统由视野范围内的两个互相对准的发送天线和接收天线组成，进行长距离通信时需要多个中继站组成微波中继链路。通信卫星可看作是悬在太空中的微波中继站。卫星上的转发器把它的波束对准地球上的一定区域，此区域中的卫星地面站之间可互相通信。地面站以一定的频率段（上行频段）向卫星发送信息。卫星上的转发器将接收到的信号放大并变换到另一个频段（下行频段）上，发回地面上的接收站。这样的卫星通信系统可以在一定的区域内组成广播式通信网络。微波通信的频率段为吉赫兹段的低端，一般在 1~300 GHz。地面微波一般采用吉赫兹范围，而卫星传输的频率范围则更高一些。微波具有宽带宽、容量大的优点，但微波信号容易受到电磁干扰，地面微波通信相互之间也会造成干扰；大气层中的雨、雪会大量吸收微波信号，当长距离传输时，会使得信号衰减至无法接收；此外，通信卫星为了保持与地球自转的同步，一般停留在 36 000 km 的高空，这样长的距离会造成大约 270 ms 的时延，在利用卫星信道组网时，这样长的时延是必须考虑的重要因素。

# 第三节　编解码技术

计算机网络通过通信网将计算机互连，以实现资源共享和数据传输。当使用的通信网信号形式和计算机的信号形式不一样时，就必须进行信号形式的转换。在计算机领域，一般将发送方进行的信号形式转换称为编码，接收方进行的信号形式转换称为解码。

使用电话网络进行计算机的数据传输时，由于计算机送出的是数字信号，电话网络传输的是模拟信号，因此发送方需要使用调制解调器来完成调制，将计算机的数字信号转变成能在电话网里传输的模拟信号，接收方需要使用调制解调器来完成解调，将接收到的模拟信号恢复成计算机的数字信号送给计算机。此时，调制就是编码的过程，解调就是解码的过程。

使用 IP 网络进行摄像机信号传输时，由于摄像机的信号为模拟信号，IP 网络传输的是数字信号，通过 IP 数据网传输时，需要使用编码器将摄像机的模拟信号转变成数据，再在数据网里传输，到达时再通过解码器恢复成模拟信号送给监视器。

## 一、数字调制技术

调制广泛用于无线电广播、闭路电视等模拟调制技术中。计算机网络中使用的数字调制技术不同于模拟调制技术。计算机网络中的数字信号是二进制信号，它的调制相对比较简单。一般有三种调制方式，分别用正弦波模拟信号的幅度、频率和相位三个参数来表示数字信号 0 和 1，分别称为调幅、调频和调相。

### （一）调幅

调幅又称为幅移键控（ASK）。按照这种调制方式，正弦波模拟信号的幅度随数字信号而变化，数字信号为 0 时，取一个幅度值；数字信号为 1 时，取此外一个幅度值。正弦波的两个不同的幅度值分别用数字 0 和 1 表示。例如，对应二进制数字 0，正弦波模拟信号的振幅为 0；对应二进制数字 1，正弦波模拟信号的振幅为 A。

## （二）调频

调频又称为频移键控（FSK）。按照这种调制方式，正弦波模拟信号的频率随数字信号的变化而变化，取不同的频率来表示数字 0 和 1。例如，对应二进制数字 0，模拟信号的频率为 $f_1$；对应二进制数字 1，模拟信号的频率为 $f_2$。

## （三）调相

调相又称为相移键控（PSK）。按照这种调制方式，正弦波模拟信号的相位随数字信号的变化而变化，取不同的初始相位值来表示数字 0 和 1。例如，对应二进制数字 0，模拟信号的初始相位为 $0°$；对应二进制数字 1，模拟信号的初始相位为 $180°$。

调相又有 2 相调制、4 相调制、8 相调制等。调制器只能输出两个相位值的称为 2 相调制，此时，输入的二进制数据和输出的相位状态值一一对应，输入数据的传输率和调制输出的波特率相等，即 S=B。调制器可以输出 4 个相位值的称为 4 相调制，此时，调制器每输入两个二进制数据，输出一个相位状态值。输入数据的传输率是调制输出的波特率的一倍（2 S=B），即 4 相调制时，调制器输出的一个状态代表两位二进制数。同理，采用 8 相调制时，调制器输出的一个状态代表 3 位二进制数。

显然，采用 4 相或更多相的调制能提供较高的数据速率，但实现技术更为复杂。

除单一的调幅、调频和调相以外，上述调制技术还可以相互组合，得到性能更好、更复杂的调制信号。例如，PSK 和 ASK 可结合起来，形成相位幅度复合调制 PAM 方式。如采用 8 相制 PSK 和 ASK 结合成 PAM 的方式，8 个相位、2 个幅度，总共具有 16 种状态，可以分别表示由 4 位数据组成的 16 种编码。

## 二、脉冲编码调制

脉冲编码调制可将模拟信号转换成数字信号。由于数字信号传输具有失真小、误码率低、费用低、传输速率高等一系列优点。为了确保充分利用数字信道的优势和提高传输质量，通常会将模拟信号转换为数字信号，然后通过数字信道进行传输。

采用网络传输语音信号或电视信号时，由于语音信号、视频信号都是模拟信号，要将它们通过数据网络进行传输，就必须先将它们转换成数字编码的数据，再通过数据网进行传输，传输到对方后，再将这些数字编码恢复成模拟信号，送到相应的模拟设备。

模拟信号转换成数字编码的数据后，不但可以通过数字网络进行传输，而且能转换成不同速率的数字信号，进行各种速率的网络传输；同时，模拟信号转换成数字编码的数据后，更便于存储、编辑、加密、压缩等各种信息处理。

模拟信号进行数字化编码的最常见的方法是脉冲编码调制技术（PCM），简称脉码调制。PCM在完成将模拟信号转换成数字化编码时，要经过取样、量化和编码三个步骤。

取样：取样的目的是用一系列离散的样本来代表随时间连续变化的模拟信号。取样是将每隔一定时间间隔取模拟信号的当前值作为样本。该样本代表了模拟信号在某一时刻的瞬时值。一系列连续的样本可用来代表模拟信号在某一区间随时间变化的值。

量化：量化就是分级，即将取样后得到的样本值分成若干等级的离散值，离散值的个数决定了量化的精度。离散值分级的级别越多，量化精度也越高，在数值化时编码的位数也就相应越多。

编码：编码就是把量化后的样本值转换成相应的二进制代码，二进制代码的位数和量化的等级有关。当量化等级为8个等级时，在数值化时为3位二进制代码；当量化等级为256个等级时，在数值化时为8位二进制代码。

由上述脉码调制的原理可看出，取样的速率是由模拟信号的最高频率决定的，而量化级的多少则决定了取样的精度。

例如，电话音频模拟信号数字化时，由于语音的最高频率是4 kHz，根据奈奎斯特取样定理，取样频率为8 kHz；量化采用256个等级，则每个样本应用8位二进制数字表示，数字化的语音的速率是$8 \times 8\,000 = 64$（Kbps）。因此，一个语音的PCM信号速率为64 Kbps。对于模拟电视信号数字化，由于视频信号的带宽更宽，取样速率要求就更高。假如量化等级更多，对数据速率的要求也就更高。

在网络中，常常需要用数字信道传输语音信号，这时经过PCM就可把模拟信号的语音信号转换成数字信号，并用数据表示出来，成为二进制数据序列，然后通过数字信道传输，此过程为编码的过程。将二进制数据序列进行反转换，即将二进制数据转换成幅度不等的量化脉冲，然后再经过滤波，就可使幅度不同的量化脉冲还原成原来的模拟信号形式的语音信号，此过程为解码的过程。

# 第四节　数据通信方式

## 一、单工、双工通信

数据通信方式按传输的方式可分为单工通信、半双工通信和全双工通信。

单工通信：指数据传输的方向始终是一个方向，而不进行相反方向的传输。无线电广播和电视广播都是单工传输的例子。

半双工通信：数据流可以在两个方向传输，但在同一时刻仅限于一个方向传输，即双向不同时。对讲机就是半双工传输的例子。

全双工通信：一种可同时进行双向数据传送的通信方式，即双向同时。电话就是全双工通信的例子。全双工通信往往采取4线制，每2条线负责传输一个方向的信号。若采用频分多路复用，可将一条线路分成2个子信道，一个子信道完成一个方向的传输，则一条线路就可实现全双工通信。

## 二、码元同步

计算机网络中一般都采用串行传输。在串行通信过程中，接收方必须知道发送数据序列码元的宽度、起始时间和结束时间，即在接收数据码元序列时，必须在时间上保持与发送端同步（步调一致），才能准确地识别出数据序列。这种要求接收方按照所发送的每个码元的频率及起止时间来接收数据的工作方式称为码元同步。在OSI网络模型中，码元的同步是由物理层实现的。

实现码元同步有三种方式。

第一种方法是用一根数据线传输串行数据，用另一根线传输能反映传输码元的宽度、起始时间和结束时间的同步信号。接收方收到数据信号时，根据同步信号识别出信号携带的数据。

第二种方法是一根线既传输数据信号，也传输同步信号，即用一根线分时传输数据信号和同步信号。在传输数据前，先传送同步时钟信号，数据信号跟在后面传送。接收方根据收到的同步信号，对后面的数据进行同步接收。

第三种方法仍然是一根线既传输数据信号，也传输同步信号。但在传输时，将数据信号包含同步信号，传送数据的同时，同步信号也被传送，即同步信号与数据一起传输。这种方式大大减少了传输同步信号带来的时间成本，提高了传输效率。

曼彻斯特编码就是采用第三种方式进行数据传输的。由于曼彻斯特码的数据编码无论传送 0 还是 1，其码元中间都会发生跳变，根据这一特点，接收方可以从数据信号中获得每位数据的码元宽度和码元起始、结束位置的信息，实现同步作用。以太网中就是采用曼彻斯特码进行数据传送和实现同步作用的。

以上讨论的是传输中的码元同步问题，也称为位同步问题，即解决准确识别发来的每一位数据的起始、结束位置和码元宽度的问题。在网络的数据传输中，数据是由许多字符组成帧来进行传送的，在数据帧的传输中，也同样要识别一个字符的开始和结束，即要解决字符的同步问题。字符同步的实现技术有异步传输和同步传输。

## 三、异步传输

异步传输方式也叫起止式。它的特点是每一个字符按一定的格式组成一个帧进行传输，即在一个字符的数据位前后分别插入起止位、校验位和停止位构成一个传输帧。

起始位起同步时钟置位作用，即起始位到达时，启动位同步时钟，开始进行接收，以实现传输字符所有位的码元同步。在异步传输方式中，没有传输发生时，线路上的电平为高电平（空号）。一旦传输开始，起始位来到，线路电平变成低电平，即线路的电平状态发生了变化，指示数据到来。起始位结束意味着字符段开始，字符的位数是事先规定好的，无识别 5 ~ 8 位。字符位结束后，意味着校验位开始，校验位对传输字符做奇偶差错校验，校验位之后是停止位，停止位指示该字符传送结束。停止位结束时，线路上的电平重新变成高电平（空号），意味着线路又重新回到空闲状态。

异步传输由于每一个字符独立形成一个帧进行传输，一个连续的字符串同样被封装成连续的独立帧进行传输，各个字符间的间隔可以是任意的，所以这种传输方式称为异步传输。由于起止位、检验位和停止位的加入，会引入 20% ~ 30% 的开销，传输的额外开销大，使传输效率只能达到 70% 左右。例如，一个帧的字符为 7 位代码、1 位校验位、1 位停止位，加上起始位的 1 位，则传输效率为 7/（7+1+1+1）=7/10。此外，异步传输仅采用奇偶校验进行检错，检错能力较差。但是，异步传输所需要的设备简单，所以在通信中也得到了广泛的应用。例如，计算机的串口通信就是采用这种方式进行传输的，通过电话线、MO-DEM 上网也是采用异步传输方式实现的。

### 四、同步传输

同步传输将一次传输的若干字符组成一个整体数据块，再加上其他控制信息构成一个数据帧进行传输。这种同步方式要求每个字符间不能有时间间隔，必须一个字符紧跟一个字符（同步）。

按照这种方式，在发送前先要封装帧，即在一组字符（数据）之前先加一串同步字符 SYN 来启动帧的传输，然后加上表示帧开始的控制字符（SOH），再加上传输的数据，在数据后面加上表示结束的控制字符（如 ETX）等。SYN、SOH、数据、ETX 等构成一个封装好的数据帧。

接收方只要检测到连续两个以上 SYN 字符，就确认已进入同步状态，准备接收信息。随后的数据块传送过程中双方以同一工作率（同步），直到指示数据结束的 ETX 控制字符到来时，传输结束。这种同步方式在传输一组字符时，由于每个字符间无时间间隔，仅在数据块的前后加入控制字符 SYN、SOH、ETX 等同步字符，所以效率更高。在计算机网络的数据传输中，多数传输协议都采用同步传输方式。

# 第五节　数据传输交换方式

经编码后的数据在通信线路上进行传输的最简单形式是在两个互连的设备之间直接进行数据通信。但是，网络中互连有很多台计算机，将它们全部直接连接是不现实的，通常通过许多中间交换（转发）互连而成。数据从源端发送出来后，经过的中间网络称为交换网。在交换网中，两台计算机进行信息传输，数据分组从源端计算机发出后，经过多个中间节点的转发，最后才到达目的端计算机。信息在这样的网络中传输就像火车在铁路中运行一样，经过一系列交换节点（车站），从一条线路换到另一条线路，最后才能到达目的地。

交换节点转发信息的方式就是交换方式。交换方式又可分为电路交换、报文交换和分组交换三种最基本的方式。

## 一、电路交换

电路交换方式是在数据传输期间，在源主机和目的主机之间利用中间的转接（交换）将一系列链路直接连通，建立一条专用的物理连接线路进行数据传输，直到数据传输结束。电话交换系统通过呼叫来建立这条物理连接线路，当交换机收到一个呼叫后，就在网络中寻找一条临时通路供两端的用户通话。这条临时通路可能要经过若干个交换局（中间）的转接建立起来，并且一旦建立，就成为这一对用户之间的临时专用通路，此外的用户不能打断，直到通话结束才拆除连接。

用电路交换实现数据传输时，要经过电路连接的建立、数据传输和电路连接的拆除三个过程。

电路连接的建立：数据传输前先通过呼叫完成电路连接的建立。呼叫可以先用电话拨号，拨通后切换到计算机上；也可将计算机直接连接在自动拨号的调制解调器上，在计算机上键入电话号码进行呼叫。拨号后，经各级电话局的转接，电路连接就建立起来了。

数据传输：电路接通后，呼叫的两个主机就可以进行数据传输了。数据传输沿呼叫接通的链路进行，在传输期间，这条接通的临时专用通路一直被这两台主机占用。

电路连接的拆除：数据传输结束后，要将建立起来的临时专用通路拆除（让出）。拆除实际就是指示构成这条通路的链路已经空闲，可以为其他的通信服务。拆除类似于电话结束后的挂机。

电路交换的优点是传输可靠、迅速、不丢失信息且保持原来的传输顺序，传输期间不再有传输延迟；缺点是建立连接和拆除连接需要时间成本，等待较长的时间，这种交换方式适合于传输大量的数据，在传输少量数据时效率不高。

## 二、报文交换

报文交换采取存储—转发方式。它不要求在源主机与目的主机之间建立专用的物理连接线路，只要在源主机与目的主机之间存在可以到达的路径即可。当一个主机发送信息时，它把要发送的信息组织成一个数据包（报文），把目的主机的地址附加在报文中进行传送，网络中的各转发节点根据报文上的目的地址信息选择路径，把报文向目标方向转发。报文在网络中通过各中间节点逐点转发，最终到达目的主机。在报文交换方式中，中间节点交换是由路由器或路由交换机来实现的。

报文存储—转发各节点的过程为：报文传到一个节点时，先被存储在该节点，并和先到达的其他报文一起排队等候，一直到先到达该节点的报文发送完了，有链路可供该报文使用时，再将该报文继续向前传送，经过多次中间节点的存储—转发，最后到达目标节点。

存储—转发方式的节点有如下特点：①每个节点必须有足够大的存储空间（内存或者磁盘）来缓冲（存储）收到的报文，这个存储空间又被称为缓存空间。②每个节点将从各个方向上收到报文进行排队，然后依次转发出去，这些都会带来传输时间的延迟。③由于链路的传输条件并不理想，可能会出现差错，因此，从一个节点到另一个节点的传输（相邻节点间的传送）应该有差错控制的功能。④报文到达一个节点时，向前传输的链路往往不止一条，节点需要为该报文选择其中一条链路进行转发传送，这就存在一个路由选择问题。路由选择得好，报文就能较快地到达目的主机；路由选择得不好，报文到达目的主机就会有较大的延迟。⑤存储—转发方式既然以报文为单位进行传输，那么各节点必须能判别各报文的起始点和结束点。⑥为了保证报文的正常传输，还必须有其他一些特殊功能。例如，为防止网络中的报文过分拥挤，应该采取一些流量控制措施，以及在排队时让一些紧急的报文优先传送等。⑦数据在传输前必须打包，按报文格式形成报文。即在数据前面加上报头、后面加上报尾。报头、报尾的内容是发送双方的地址信息，指示报文开始、结束的同步信息，实现差错控制的校验码和其他控制信息等，这些信息用于控制报文正确、可靠地传输到目的主机。存储—转发方式除了可以减少网络通信链路数量，降低线路通信费用，方便实现差错控制和流量控制，还可以改变数据的传输速率，控制传输的优先级别，所以计算机网络中一般都采用存储—转发方式。

报文交换的优点是无须建立专用的物理链路，即传输的双方不独占线路，在传输期间，其他需要通信的双方仍然可以使用线路进行传输。每一对主机都只是断续地使用线路，所以存储—转发方式线路利用率较高。

### 三、分组交换

对比电路交换与报文交换的特点可知，电路交换的最大优点就是电路连接一旦建立起来，通信的传输延迟很小，所以电路交换适用于语音通信之类的交互式实时通信，但缺点是线路利用率低。报文交换的优点是线路利用率高，但由于传输的存储、转发引起的时延太长，不能用于要求快速响应的交互语音通信或其他实时通信。那么，能否找到一种既能保持较高的线路利用率，又能使传输延迟较小，兼顾电路交换和报文交换的优点的数据传输呢？

仔细分析报文交换方式可以知道，报文交换延迟大的主要原因是报文太长而导致转发时间及处理时间太长。如果将一份报文分割成若干段分组进行传输，这样就使中间节点排队及处理的时间大大减少，从而减少了传播时延，提高了速度。此外，同属于一个报文的各分组可以同时在网络内分别沿不同路径进行"并行"传输，因此也大幅缩短了报文传输经过网络的时间，从而既能保持较高的线路利用率，也能使传输延迟较小。这种将一份报文分割成若干段分组进行传输的方式称为分组交换。

分组交换由于分组后容量较小，所以可以存储在内存中，大大提高了交换速度；分组交换采用分组纠错，在发现错误时只需重发出错的分组，这样可以明显地减少出错的重发量，从而提高了传输效率。而报文交换方式中，任何数据出错，都必须将整个报文重新发送，传输效率低。

进行分组交换时，发送节点先要将传送的信息分割成大小相等的分组（除最后一个外），再进行打包，带上地址信息，指示分组开始、结束的同步信息，实现差错控制的校验码和其他控制信息等，并对每个分组加以编号，然后逐个分组发送，交换节点对分组逐个转发。收到分组后，根据分组编号，重新组装分组，恢复完整的数据信息。

分组传输速率远高于报文传输，加上线路技术的不断提高，线路支持的传输速率越来越高，因此目前计算机网络一般都采用分组传输方式。

# 第六节　多路复用技术

多路复用技术是将多路信号通过一条线路传输的技术。在网络通信中，通信的主要费用用于线路的传输。由于计算机网络的通信多是突发性业务，即数据的波动性较大，采用多路复用技术，可以使线路数据的波动性变得平滑，使得发送的数据速率接近平均值，提高了线路利用率，降低了通信费用。

目前的高速数据网多采用多路复用技术。例如，现今的公共电话交换网（PSTN）、异步转移模式（ATM）、同步数字体系（SDH）都采用了多路复用技术。使用多路复用技术可以有效地利用高速干线的通信能力。

多路复用通过多路复用器（MUX）来实现，多路复用器和数据终端设备的连接如图 2-1 所示。图中，三个 DTE 设备通过多路复用器在一条传输线路上传输。发送方的 MUX 将 A、B、C 三个终端的信号复用在一条宽带线路上传输，接收方的 MUX 将收到的复用信号还原成三路信号分别送给 A、B、C 终端。

**图 2-1　多路复用器和数据终端设备的连接**

随着技术的发展，信道复用技术目前有了很大的发展，主要有频分多路复用技术（FDM）、时分多路复用技术（TDM）、统计时分多路复用技术（STDM）、波分复用技术（WDM）、码分复用技术（CDM）等。

## 一、频分多路复用

频分多路复用技术（FDM）将一条宽带传输线路分成多个窄带的子信道，每一个子信道传输一路信号，实现在一条线路上传输多路信号。

在频分多路复用技术中，发送方的 N 路低速信号占用不同的（互不重叠的）窄频带，依次排列在宽带线路的频带上进行传输，到接收方后再借助滤波器将各路低速信号分开。

FDM 的典型例子就是有线电视系统（CATV）中使用的频分多路复用技术。一根 CATV 电缆的带宽大约是 750 MHz，每个电视频道带宽为 6 MHz，采用 FDM 技术可传送 100 多个频道的电视节目。

网络中采用 FDM 技术传输数字数据信号时，利用 FSK 将不同信道的数字数据信号调制成多个频率不同的模拟载波信号，依次排列在宽带线路的频带内进行传输。除 FSK 调制以外，FDM 技术也可采用 ASK、PSK 及它们的组合。每一个载波信号形成一个子信道，各子信号的频率不相重合，子信道之间留有一定宽度隔离频带，防止相互串扰。

## 二、时分多路复用

TDM 是多路信号分时使用一条传输线路，实现在一条线路上传输多路信号。在 TDM 中，将时间分成若干时隙，每路低速信号使用信道的一个时隙，将 N 路信号顺序发送到高速复用信道上。分时就是通道按时间片轮流占用整个带宽。

时间片的大小可以按一次传送一比特、一字节或一个固定大小的数据块所需的时间来确定。这种传统的时分多路复用又称为同步时分多路复用。

## 三、统计时分多路复用

统计时分多路复用又称智能时分多路复用，它的主要目的是提高 TDM 的效率。在 TDM 技术中，整个传输时间划分为固定大小的时间周期。每个时间周期内，各路信号都在固定位置占有一个时隙，这样可以按约定的时间恢复各路信号的信息流。当某路信号的时隙到达时，如果无信息需要传输，那么该部分的带宽就会被浪费。统计时分多路复用能动态地将时隙仅分配给有数据待传送的端口，而对于无数据传输的端口，就不分配时隙，这样大大提高了线路利用率。

在网络中，统计时分方式的多路复合器被称为集中器。集中器依次循环扫描各个子信道，若某个子信道有信息要发送，则为它分配一个时隙，若没有信息要发送，就跳过，这样线路上就没有空时隙了。

频分多路复用和时分多路复用往往还可以混合使用。在一个传输系统中，可以采用频分多路复用技术将线路分成许多条子信道，每个子信道再利用时分多路复用来细分。在宽带局域网中，可以使用这种混合技术。

在介绍脉码调制 PCM 时曾提到，对 4 kHz 的语音信号按 8 kHz 的速率采样，256 级量化，则传输这个语音信号的信道的数据速率是 64 Kbps。为每一个这样的低速信道铺设一条通信线路是不划算的，所以，在实际中往往是采用高带宽的通信线路，使用多路复用技术建立更高效的通信线路。在美国使用多路复用技术的通信标准是贝尔系统的 T1 载波。

T1 载波也叫一次群，它利用 PCM 和 TDM 技术，使 24 路采样语音信号复用到一条 1.544 Mbps 的高速信道上进行传输。该系统用一个编码解码器轮流对 24 路语音信道取样、量化和编码，一个取样周期（125 μs）中得到的 7 位一组的数字合成一串，共 7×24 位长。这样的数字串在送入高速信道前要在每一个 7 位组的后面插入一个控制位（信令），于是变成了 8×24=192 位长的数字串。这 192 位数字再加入一个帧位（用于帧同步），组成一个帧，故帧长 193 位，每 125 μs 传送一帧。

除了 T1 载波，还有 T2 载波、T3 载波，T2=6.312 Mbps，T3=44.736 Mbps。

CCITT 建议两种载波标准：一种是 T1 标准 1.544Mbps，另一种是 E1 标准。E1 标准的速率为 2.048 Mbps，它的每一帧开始处有 8 位用作同步，中间有 8 位用作信令，再组织 30 路 8 位数据，共 32 个 8 位数据组成一帧，一帧含 256 位数据，以每秒 8000 帧的速率传输，可计算出数据传输率为 2.048 Mbps。E1 载波是欧洲标准，也称为 E1 线路，我国一般也采用 E1 标准。

## 四、波分多路复用

波分多路复用主要用于光纤通信，波分多路复用是在同一根光纤芯中同时传输多个不同波长光信号的技术。波分多路复用在发送方将各不同数据终端传输的电信号转换成不同波长的光信号，将这些不同波长的光信号经合波器（也称复用器）汇合在一起，耦合到光线路的同一根光纤芯中进行传输。传输到达接收方后，再经分波器（也称解复用器）将耦合在一起的光信号分离成不同波长的光信号，再将这些不同波长的光信号转换成电信号交给接收方不同的数据终端，实现多路数据的光传输。

波分多路复用又分为密集波分复用（DWDM）和稀疏波分复用（CWDM）。DMDM 使更多的不同波长光载波信号在同一根光纤中进行传输，CWDM 相对使用不太多的不同波长光载波信号在同一根光纤中进行传输。如 DMDM 使用 32 个不同波长的光波在同一根光纤中进行传输，CWDM 使用 8 个不同波长的光波在同一根光纤中进行传输。

波分多路复用技术当前研究的热点之一是 DWDM，DWDM 实验室水平可达到在一根光纤中传输 100 路 10 Gbps 的数据，即 100×100 Gbps，中继距离 400 km；30×40 Gbps，中继距离 85 km；64×5 Gbps，中继距离 720 km。

# 第七节　差错控制

无论通信系统如何可靠，传输中总难免出现误码。一般来说，线路的误码率为 $10^{-4} \sim 10^{-5}$，而网络要求的误码率为 $10^{-10} \sim 10^{-11}$，因此，网络中必须采取差错控制措施来降低误码率。差错控制主要就是考虑如何发现和纠正信号传输中的差错，提高通信的可靠性。

改善通信可靠性的有效措施是改善传输介质和通信环境。此外，采用差错控制也是具有可行性且成本较低的一种改善措施。

差错控制首先要进行差错编码，差错编码就是按照一定的差错控制编码关系在数据后面加上检错码，形成实际传输的传输码。收到该传输码后，检查它们的编码关系（称为校验过程），以确认是否发生了差错。如果经传输后编码关系仍然正确存在，则没有发生差错；如果经传输后编码关系已经被破坏，则说明传输的数据发生了变化，即发生了差错。

设发送的数据称为信息码 M，附加的检错码称为冗余码 R，形成带差错控制的传输码 T，则信息码、冗余码及传输码的关系如图 2-2 所示。

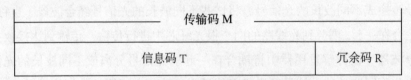

图 2-2　信息码、冗余码及传输码的关系

例如，发送方将传送的信息数据码 M 附加上检错冗余码 R，构成在线路上传送的传输码 T，然后将传输码 T 从通信信道发向接收方，传输码 T 传送到接收方时，检查信息数据和检错冗余码之间的关系，若仍然存在，说明传输没有出错；如果关系已被破坏，说明发生了差错，则采取某种措施纠正错误，即差错控制方法。

## 一、差错的起因和特点

通信过程中引起差错的原因大致分为两类：一类是由热噪声引起的随机性差错；另一类是由冲击噪声引起的突发性差错。

通信线路中的热噪声是由电子的热运动产生的。热噪声时刻存在，具有很宽的频谱，且幅度较小。通信线路的信噪比越高，热噪声引起的差错越少。热噪声差错具有随机性，对数据的影响往往体现在个别位出错。

冲击噪声是外界的电磁干扰，例如发动汽车时产生的火花、电焊机引起的电压波动等。冲击噪声持续时间短，但幅度大，对数据的影响往往是引起一个位串出错，根据它的特点，称其为突发性差错。

突发性差错往往只影响局部，而随机性差错总是断续存在，影响全局，所以要尽量提高通信设备的信噪比，降低噪声对信号传输的影响。此外，要进一步提高传输质量，就需要采用有效的差错控制办法。

## 二、检错码、纠错码

检错码只能通过校验发现错误，不能自动纠正错误，纠正错误则要靠通知发送方传输的数据出错，要求重发或超时控制重发等措施来实现。检错码需要传输系统有反馈重发的实体部分，所对应的差错控制系统为自动请求重发（ARQ）系统。

纠错码不但可以通过校验发现错误，还可以自动纠正错误。使用纠错码的传输系统不需要差错反馈重发的实体部分，对应的差错控制系统为前向纠错（FEC）系统。

差错控制系统除自动请求重发 ARQ 和前向纠错 FEC 系统外，还有一种混合方式的差错控制系统（Hybrid FEC–ARQ）。在混合方式中，对少量的接收差错自动前向纠正，而超出纠正能力的差错则通过自动请求重发方式纠正。

## 三、奇偶校验码

奇偶校验码是最常用的检错码。其原理是在字符码后增加一位，使码字中含 1 的个数成奇数个（奇校验）或偶数个（偶校验）。经过传输后，如果其中一位（甚至奇数个多位）出错，则按同样的规则（奇校验或偶校验）就能发现错误。

例如，一个字符码就构成了信息数据码 M，校验位就是检错冗余码 R。假设传输字符码为 M=10110010，采用奇校验时，R=1，构成的传输码为 T=101100101。它们之间的关系就是由信息数据码 M 和检错冗余码 R 构成的传输码 T 中含 1 的个数等于奇数个。在检查这个关系是否仍然存在时，如果仍然是奇数个 1，则认为传输没有出错；如果变成了偶数个 1，则认为发生了差错。显然这种方法简单、实用，但它不能检查出偶数个数据位出错的情况。

## 四、正反码

正反码是一种简单的、能自动纠错的差错编码。正反码的冗余位的个数与信息码位数相同。冗余码的编码与信息码完全相同或者完全相反，由信息码中含"1"的个数来决定。当信息码中含1的个数为奇数时，冗余码与信息码相同；当信息码中含1的个数为偶数时，冗余码为信息码的反码。例如，若信息码 M=01011，则冗余码 R=01011，传输码 T=0101101011；若信息码 M=10010，则冗余码 R=01101，传输码 T=1001001101。

正反码的校验方法：先将接收码字中的信息位和冗余位按位半加，得到一个 K 位合成码组，若接收码字中的信息位中有奇数个"1"，则取该合成码组作为校验码；若接收码字中的信息位中有偶数个"1"，则取合成码组的反码作为校验码。最后，根据校验码查表 2-1，就能判断是否有差错产生。如果有差错发生，还能判断出差错发生的位置。由于二进制中只有 0 和 1 两个编码，确定了差错位置后，只要将该位置的 0 换成 1、1 换成 0，就纠正了发生的差错。表 2-1 差错判断如下所示。

表 2-1　差错情况

| 校验码组 | 差错情况 |
| --- | --- |
| 全为 0 | 无差错 |
| 4 个 1、1 个 0 | 信息位中有一位差错，其位置对应于校验码组中的"0"位置 |
| 4 个 0、1 个 1 | 信息位中有一位差错，其位置对应于校验码组中的"1"位置 |
| 其他情况 | 差错在两位或两位以上 |

例如，接收到的传输码字为 T=0101101011，接收码字中的信息位和冗余位按位半加，得到的合成码组为 0000。由于接收码字中的信息位中有 3 个"1"，属于奇数个"1"情况，则取合成码组作为校验码，故 00000 就是校验码组，查表 2-1 可知，无差错发生。

若传输中发生了差错，收到的传输码为 01111，则合成码为 01111+01011，接收到的码字中的信息位有 4 个"1"，属于偶数个"1"情况，故取合成码组的反码作为校验码组，为 01111，查表 2-1 后，可知信息位的第一位出错，那么将接收到的码字 1101101011 纠正为 0101101011。若传输中发生了两位差错，收到的传输码为 1001101011，则合成码组为 10011+01011=00001，而此时校验码组为 11000，查表 2-1 后可判断为两位或两位以上的差错。

正反码编码效率较低，只有 50%，但其检错能力较强，如上述长度的 10 位码，能检测出两位差错和大部分两位以上的差错，并且还具有自动纠正一位差错的能力。由于正反码编码效率较低，只适用于信息位较短的场合。

# 第三章　网络互联设备

## 第一节　网络接口层设备

### 一、网络接口卡

网络接口卡（NIC）简称网卡，是连接主机与网络的基本设备，工作在物理层和数据链路层。网卡不仅能实现与局域网传输介质之间的物理连接和电信号匹配，还涉及帧的发送与接收、帧的封装与拆封、介质访问控制、数据的编码与解码以及数据缓存等功能。网卡不能独立工作，必须依赖于主机。每台主机都应配置一个或多个网卡，每个网卡都有一个（或多个）网络接口。

#### （一）网卡的工作原理

网卡上一般装有处理器和存储器（包括 RAM 和 ROM）。网卡和局域网之间的通信是通过电缆或双绞线以串行传输方式进行。而网卡和计算机之间的通信则是通过计算机主板上的 I/O 总线以并行传输方式进行。因此，网卡的一个重要功能就是要进行串行/并行转换。由于网络上的数据传输率与计算机总线上的数据传输率并不相同，因此在网卡中必须装有对数据进行缓存的存储芯片。

在安装网卡时必须将管理网卡的设备驱动程序安装在计算机的操作系统中。这个驱动程序就会告诉网卡，应当在存储器的什么位置上将局域网传送过来的数据块存储下来。网卡还要能够实现以太网协议。

网卡并不是独立的自治单元，网卡本身不带电源，而是必须使用所插入的计算机的电源，并受该计算机的控制。因此网卡可看作一个半自治的单元。当网卡收到一个有差错的帧时，它就将这个帧丢弃而不必通知它所插入的计算机；当网卡收到一个正确的帧时，它就使用中断来通知该计算机并交付给协议栈中的网络层。当计算机要发送一个 IP 数据报时，它就被交给网卡组装成帧后发送到局域网。

连接不同的网络需要使用不同的网卡，如以太网卡、令牌环网卡、FDDI 网卡、ATM 网卡等。

## （二）网卡的功能

介质访问控制：进行载波侦听，确定能否发送数据或接收数据，以及进行冲突处理等工作。局域网中广泛采用的两种介质访问控制，分别为争用型介质访问控制，如 CSMA/CD 方式；确定型介质访问控制，如 Token 方式。

数据的封装 / 解封装：数据的封装，就是为数据加上帧头和循环冗余校验（CRC）等控制字段；数据帧的解封装，就是对收到帧进行 CRC 校验并将控制字段去掉。发送时将上一层交下来的数据加上首部和尾部，成为以太网的帧。接收时将以太网的帧剥去首部和尾部，然后送交上一层。

数据编码 / 解码：数据编码，就是将数据转换为适合网络介质传输的信号形式；数据解码，就是将收到的信号转换为对应的数据。

数据发送 / 接收：发送数据是将主机的并行数据转换成串行位流，并通过物理地址进行发送；接收数据是通过物理地址接收信号，经解码后由串行位流转换成并行数据。

数据缓存：匹配主机数据处理速率与网络传输速率不一致的问题。

链路管理：主要是 CSMA/CD 协议的实现。

## （三）网卡的组成结构

载波检测部件：检测介质上是否有载波信号。

曼彻斯特编码 / 解码器：将发送的数据编码转换成适合于在局域网上传输的信号或把接收的信号解码为二进制数据。

发送 / 接收部件：负责信号的发送、接收。

数据缓冲区：缓冲数据。

主机总线接口部件：与主机数据流交换。

CPU：部分网卡封装有 CPU，可使网卡更加智能化，并减少网络传输对主机 CPU 的依赖，提高传输效率。

局域网管理部件：网络管理。

## （四）网卡的配置参数

中断请求号（IRQ）：一般为 3。

I/O 基地址（I/O Base）：一般为 300H。

存储器基地址（MemoryBase）：一般为 0xC00。

通信方式：全双工 / 半双工。

传输速率：仅 10/100 Mbps 双速网卡可选。

网卡地址：即网卡的物理地址，又称为 MAC 地址，由全球统一分配，固化在网卡硬件中（有些网卡的地址可由用户修改）。

### （五）网卡的分类

根据网卡所支持的物理层标准与主机接口的不同，网卡可以分为以太网卡和令牌环网卡等。

按照网卡支持的计算机种类分类，主要分为标准以太网卡和 PCMCIA 网卡。标准以太网卡用于台式计算机联网，而 PCMCIA 网卡用于笔记本电脑。

按照网卡支持的传输速率分类，主要分为 10 Mbps 网卡、100 Mbps 网卡、10/100 Mbps 自适应网卡和 1 000 Mbps 网卡四类。根据传输速率的要求，10 Mbps 和 100 Mbps 网卡仅支持 10 Mbps 和 100 Mbps 的传输速率，在使用非屏蔽双绞线 UTP 作为传输介质时，通常 10 Mbps 网卡与 3 类 UTP 配合使用，而 100 Mbps 网卡与 5 类 UTP 相连接。10/100 Mbps 自适应网卡是由网卡自动检测网络的传输速率，以保证网络中两种不同传输速率的兼容性。随着局域网传输速率的不断提高，1 000 Mbps 网卡大多被应用于高速的服务器中。

按照网卡所支持的总线类型分类，主要分为 ISA、EISA 和 PCI 等。由于计算机技术的飞速发展，ISA 总线接口网卡的使用越来越少。EISA 总线接口的网卡能够并行传输 32 位数据，数据传输速度快，但价格较贵。PCI 总线接口网卡的 CPU 占用率较低，常用的 32 位 PCI 网卡的理论传输速率为 133 Mbps，因此支持的数据传输速率可达 100 Mbps。

### （六）光纤网卡

光纤网卡即光纤以太网适配器，一般通过光纤线缆与光纤以太网交换机连接，应用以太网通信协议。按传输速率可以分为 100 Mbps、1 Gbps、10 Gbps，按主板插口类型可分为 PCI、PCI-X、PCI-E（×1 / ×4 / ×8 / ×16）等。

#### 1.SC 接口光纤网卡

SC 接口光纤网卡由于操作的便利性，得到广泛的运用。光纤到桌面（FTTD）使用的大多是 SC 接口光纤网卡。SC 接口光纤网卡是根据光纤模块的接口定义命名的。由于 SC 接口光纤操作的便利性，SC 接口光模块的网卡得到广泛运用。

2.SFP 接口光纤网卡

SFP 是一种小型可以热拔插模块的光纤网卡。在网卡集成 SFP 插槽，用户可根据实际需要，插入多模或者单模 SFP 光模块，而且可以根据实际传输距离，插入不同传统距离的光模块。这给了用户很大的选择空间。

## （七）无线网卡

无线网卡是通过无线连接网络的无线终端设备。无线网卡通过无线路由器或者无线接入点（AP）连接无线网络上网。无线网卡可以根据不同的接口类型来区分。第一种是 USB 无线上网卡，是最常见的；第二种是台式机专用的 PCI 接口无线网卡；第三种是笔记本电脑专用的 PCMCIA 接口无线网卡；第四种是笔记本电脑内置的 MINI-PCI 无线网卡。

### 1.无线网卡的工作原理

无线网卡的工作利用的是微波射频技术，多接入互联网的 Wi-Fi 路由器，通过无线形式进行数据传输。由无线接入点发出信号，通过无线传输，用无线网卡接收和发送数据。按照 IEEE 802.11 协议，无线局域网卡中的软件分为两层：媒体访问控制（MAC）层和物理层（PHY Layer）。在两者之间，还定义了一个媒体访问控制 – 物理（MAC-PHY）子层。MAC 层提供主机与物理层之间的接口，并管理外部存储器，它与无线网卡硬件的 NIC 单元相对应。

物理层具体实现无线电信号的接收与发射，它与无线网卡硬件中的扩频通信机相对应。物理层提供空闲信道给 MAC 层，以便决定是否可以发送信号，通过 MAC 层的控制来实现无线网络的 CSMA/CA 协议，而 MAC-PHY 子层主要实现数据的打包与拆包，把必要的控制信息放在数据包的前面。

无线网卡的工作原理：根据 IEEE 802.11 协议，当物理层接收到信号并确认无错后提交给 MAC-PHY 子层，经过拆包后把数据上交 MAC 层，然后判断是否是发给本网卡的数据，若是则上交网际层，否则丢弃。如果物理层接收到的发给本网卡的信号有误，则需要通知发送端重发此包信息。当网卡有数据需要发送时，首先要判断信道是否空闲。若信道空，随机退避一段时间后发送；否则，暂不发送。

无线网卡是接收器，无线路由器相当于发射器。其实还是需要有线的 Internet 线路接到无线路由器上，再将信号转化为无线的信号发射出去，由无线网卡接收。一般的无线路由器可以拖 2～4 个无线网卡，工作距离在 50 m 以内效果较好，远了则通信质量很差。

2. 无线网卡标准

IEEE 802.11a：使用 5 GHz 频段，传输速度 54 Mbps，与 IEEE802.11b 不兼容。

IEEE 802.11b：使用 2.4 GHz 频段，传输速度 11 Mbps。

IEEE 802.11g：使用 2.4 GHz 频段，传输速度 54 Mbps，可向下兼容 IEEE802.11b。

IEEE 802.11n：传输速度 300 Mbps，兼容 IEEE 802.11a、IEEE 802.11b、IEEE 802.11g。

无线网卡主流的标准是 IEEE 802.11n，它大幅提升了无线局域网的竞争力。随着无线局域网标准和技术的快速发展，产品逐渐成熟，无线局域网的应用也日益丰富。

## 二、中继器

中继器（RP）是物理层上对信号进行再生和还原的网络设备，是局域网环境下用来延长网络距离的最简单和最廉价的网络互联设备。

中继器适用于完全相同的两类网络的互联，中继器的两端连接的是相同的媒体。中继器的主要功能是通过对数据信号的重新发送或者转发，来扩大网络传输的距离。

### （一）中继器的工作原理

中继器是连接网络线路的一种装置，常用于两个网络节点之间物理信号的双向转发工作。中继器主要完成物理层的功能，负责在两个节点的物理层上按位传递信息，完成信号的复制、调整和放大功能，以此来延长网络的长度。由于存在损耗，在线路上传输的信号功率会逐渐衰减，衰减到一定程度时将造成信号失真，因此会导致接收错误。而中继器可以很好地解决这一问题，它的作用是完成物理线路的连接，对衰减的信号进行放大，使其保持与原数据相同，以确保信号的准确传输。

从理论上讲，中继器是可以无限使用的，网络也因此可以无限延长。事实上这是不可能的，因为网络标准中都对信号的延迟范围做了具体的规定，中继器只能在此规定范围内进行有效的工作，否则会引起网络故障。

中继器对高层协议是透明的。通过中继器连接起来的网络相当于同一条电线组成的更大的网络。由于受传输线路噪声的影响，承载信息的数字信号或模拟信号只能传输有限的距离，中继器连接同一个网络的两个或多个网段。例如，以太网常常利用中继器扩展总线的电缆长度，标准细缆以太网的每段长度最大为 185 m，最多可有 5 段，因此增加中继器后，最大网络电缆长度可提高到 925 m。中继器主要用于线性电缆系统，如以太网，通常在一幢楼中使用。用中继器连接的以太网不能形成环，扩展段上的节点地址不能与现行段上的地址相同。

应注意的是，中继器只将任何电缆段上的数据发送到另一段电缆上，并不管数据中是否有错误数据或不适于网段的数据。

### （二）中继器的主要特点

中继器的主要特点有：不进行存储；不检查错误；不对信息进行任何过滤；可进行介质转换，如粗缆转换为细缆；中继器连接的网段属于同一个网络。

### （三）中继器的优缺点

中继器的主要优点：①安装简单、使用方便、价格相对低廉。②中继器起到了扩大通信距离的作用，增加了节点的最大数目，并且提高了可靠性。③当网络出现故障时，一般只影响个别网段。

中继器的主要缺点：①由于中继器要对收到的被衰减的信号再生（恢复）到发送时的状态，并转发出去，增加了延时。②当网络上的负荷很重时，可能因中继器中缓冲区的存储空间不够而发生溢出，产生帧丢失的现象。③中继器若出现故障，对相邻两个子网的工作都将产生影响。

## 三、集线器

集线器的英文为"Hub"，直译为"中枢"，由此可知，集线器就是把所有节点都集中在以它为中心的节点上。集线器的主要功能是对接收到的信号进行再生整形放大，以扩大网络的传输距离。集线器运作在 OSI 模型中的物理层。可以将其视作多端口的中继器。集线器与网卡、网线等传输介质一样，属于局域网中的基础设备。

集线器采用 CSMA/CD（即带冲突检测的载波监听多路访问技术）介质访问控制机制。集线器每个接口简单地收发比特，收到 1 就转发 1，收到 0 就转发 0，不进行碰撞检测。

集线器属于纯硬件网络底层设备，不具备交换机所具有的 MAC 地址表，发送数据时都是没有针对性的，采用广播方式发送。当它要向某节点发送数据时，不是直接把数据发送到目的节点，而是把数据包发送到与集线器相连的所有节点。

集线器若侦测到碰撞，会提交阻塞信号。由于集线器会把收到的数字信号，进行再生或放大，发送到集线器的所有端口，因此会造成信号之间的碰撞，同时信号也可能被窃听。所有连到集线器的设备，属于同一个冲突域和广播域。

## （一）集线器的工作原理

集线器在联网中要遵循 5-4-3 规则，即一个网段最多只能分 5 个子网段，一个网段最多只能有 4 个中继器，一个网段最多只能有 3 个子网段含有 PC。

集线器的工作过程：首先是节点发信号到线路，集线器接收该信号，因信号在电缆传输中有衰减，集线器接收信号后将衰减的信号整形放大，并将放大的信号广播转发给其他所有端口。

普通集线器外部板面结构非常简单。集线器是个长方体，背面有交流电源插座和开关，一个 AUI 接口和一个 BNC 接口。正面的大部分位置分布有一行 17 个 RJ-45 接口。在正面的右边还有与每个 RJ-45 接口对应的 LED 接口指示灯和 LED 状态指示灯。

从外表上看，高档集线器与现代路由器或交换式路由器没有多大区别。尤其是现代双速自适应以太网集线器。由于集线器普遍内置有可以实现内部 10 Mbps 和 100 Mbps 网段间相互通信的交换模块，这类集线器完全可以在以该集线器为节点的网段中实现各节点之间的通信交换，有时也将此类交换式集线器简单地称为交换机，这些都使得初次使用集线器的用户很难正确地辨别它们。但根据背板接口类型来判别集线器，是一种比较简单的方法。

集线器设备不能识别 MAC 地址和 IP 地址，对接收到的数据以广播的形式发送，它的所有端口是一个冲突域，同时也是一个广播域。

集线器属于数据通信系统中的基础设备，具有流量监控功能。它是一种不需任何软件支持或只需很少管理软件管理的硬件设备。

集线器工作在局域网环境。集线器内部采用了电器互联，当维护局域网的环境是逻辑总线或环形结构时，完全可以用集线器建立一个物理上的星型或树型网络结构。在这方面，集线器所起的作用相当于多端口的中继器。其实，集线器与中继器的区别仅在于集线器能够提供更多的端口服务。

集线器是一个多端口的转发器，当以它为中心设备时，若网络中某条线路产生了故障，并不影响其他线路的工作。所以集线器在局域网中得到了广泛的应用。大多数时候它用在星型与树型网络拓扑结构中，以 RJ-45 接口与各主机相连。

集线器主要用于共享网络的组建，是解决从服务器直接到桌面最经济的方案。在交换式网络中，集线器直接与交换机相连，将交换机端口的数据送到桌面。使用集线器组网灵活，它处于网络的一个星型节点，对节点相连的工作站进行集中管理，不让出问题的工作站影响整个网络的正常运行，并且用户的加入和退出也很自由。

集线器广播发送数据的方式，使用户数据包向所有节点发送，很可能带来数据通信的不安全因素，黑客很容易就能非法截获他人的数据包。由于所有数据包都是向所有节点同时发送，加上其共享带宽方式（如果两个设备共享 10 M 的集线器，那么每个设备就只有 5 M 的带宽），就更可能造成网络拥塞现象，从而降低了网络传输效率。非双工传输，网络通信效率低。集线器的同一时刻每一个端口只能进行一个方向的数据通信，而不能像交换机那样进行双向双工传输，网络传输效率低，不能满足较大型网络通信需求。

## （二）集线器的分类

### 1. 按照对输入信号的处理方式分类

集线器按照对输入信号的处理方式，分为无源集线器、有源集线器和交换式集线器。

1）无源集线器

无源集线器是品质最差的一种，不对信号做任何处理，对传输介质的传输距离没有扩展，因此对信号有一定的影响。连接在这种集线器上的每台计算机，都能收到来自同一集线器上所有其他计算机发出的信号。

2）有源集线器

有源集线器与无源集线器的区别就在于它能对信号进行放大或再生，可延长两台主机间的有效传输距离。

3）交换式集线器

交换式集线器除具备有源集线器所有的功能外，还有网络管理及路由功能。在交换式集线器网络中，不是每台计算机都能收到信号，只有目的地址的计算机才能收到信号。

### 2. 按照结构功能分类

1）独立式集线器

独立式集线器通过以太网总线提供网络连接，以星型的形式连接起来。它没有管理软件或协议来提供网络管理功能，只用于小型的网络。这种集线器可以是无源的，也可以是有源的。

2）堆叠式集线器

堆叠式集线器指配置固定、用堆叠方法进行扩充并连接在一起的集线器。在逻辑上相当于一台单独的集线器，可统一管理，用总线进行堆叠连接。堆叠式集线器只需简单地添加集线器并将其连接到已经安装的集线器上就可以扩展网络，这种方法不仅成本低，而且简单易行。

堆叠式集线器之间的连接通常不会占用集线器上原有的普通端口，而且在这种堆栈端口中具有智能识别性能。集线器堆叠技术采用了专门的管理模块和堆栈连接电缆，能够在集线器之间建立一条较宽的宽带链路，这样每个实际使用的用户带宽就有可能更宽。

采用堆叠的集线器端口扩展方式要受到集线器的种类和间隔距离的限制，首要条件是实现堆叠的集线器必须是可堆栈的，此外这种堆栈连接一般是彼此间隔非常近的几台集线器之间的连接（厂家所能提供的堆栈连接电缆一般为 1 m）。所以这种集线器端口扩展连接方式受距离限制很大。

3）模块化集线器

模块化集线器又称机箱式集线器，由一台带有底板、电源的机箱和若干块多端口的接口卡组成。

## （三）集线器的接口

集线器通常提供三种类型的端口，即 RJ-45 端口、BNC 端口和 AUI 端口，以适用连接不同类型电缆构建的网络。一些高档集线器还提供有光纤端口和其他类型的端口。

### 1. RJ-45 接口

RJ-45 接口可用于连接 RJ-45 接头，适用于由双绞线构建的网络。这种端口是最常见的，一般而言以太网集线器都会提供这种端口。平常所说的多少口集线器，就是指具有多少个 RJ-45 端口。集线器的 RJ-45 端口可直接连接计算机、网络打印机等终端设备，也可以与其他交换机、集线器等集线设备和路由器连接。

## 2. BNC 端口

BNC 端口就是用于与细同轴电缆连接的接口，它一般是通过 BNCT 型接头进行连接的。大多 10 Mbps 集线器都拥有一个 BNC 端口。当集线器同时拥有 BNC 和 RJ-45 端口时，既可通过 RJ-45 端口与双绞线网络连接，又可通过 BNC 接口与细缆网络连接，因此可实现双绞线和细同轴电缆两个采用不同通信传输介质的网络之间的连接。这种双接口的特性可兼容原有的细同轴电缆网络，并可实现逐步向主流的双绞线网络（10Base-T）的过渡，当然还可实现与远程细同轴电缆网络（少于 185 m）之间的连接。

同样，如果两个网络之间的距离大于 100 m，使用双绞线不能实现两个网络之间的连接时，也可以通过集线器的 BNC 端口利用细同轴电缆传输将两个网络连接起来，而两个网络内部仍可以采用双绞线这种廉价、常见的传输介质，这两个网络之间的距离不能大于 185 m。

## 3. AUI 端口

AUI 端口可用于连接粗同轴电缆的 AUI 接头，因此这种接口用于与粗同轴电缆网络的连接。带有这种接口的集线器比较少。

由于采用粗同轴电缆作为传输介质的网络造价较高，且布线较为困难，所以，实践中真正用粗同轴电缆进行布线的情况十分少见。不过，由于单段粗同轴电缆（10Base-5）所支持的传输距离可达 500 m，因此，完全可以使用粗同轴电缆作为较远距离网络之间连接的通信电缆。

## 4. 集线器堆叠端口

集线器堆叠端口的作用如同它的名称一样，是用来连接两个可堆栈集线器的。一般而言，一个可堆栈集线器中同时具有两个外观类似的端口：一个标注为"UP"，另一个标注为"DOWN"，在连接时是用电缆从一个集线器的"UP"端口连接到另一个可堆栈集线器的"DOWN"端口上。

## （四）集线器的安装

集线器的安装相对简单，尤其是傻瓜集线器，只要将其固定在配线柜并插上电源线即可。需要连接哪根双绞线，就把哪根双绞线的 RJ-45 头插入集线器端口。

从结构上而言，集线器有机架式和桌面式两种。一般部门用的集线器是桌面式，而企业机房通常采用机架式。机架式集线器便于固定在一个地方，一般是与其他集线器、交换机或服务器安装在一个机柜中，这样便于网络的连接与管理，同时也节省设备所占用的空间。

机架式的集线器一般是与其他设备一起安装在机柜中，这些机柜都有相应的结构标准，特别是在尺寸方面有严格的规定（如宽度、高度等），这样所有设备都可以方便、美观地安装在一起。

按国际标准，机柜从宽度上大致可分 19 inch（英寸）、23 inch 和 24 inch 三类，这主要是根据服务器机柜的要求而定的。根据安装设备数量的不同，还可以选择不同高度的机柜。机柜的高度通常以"U"为单位，"U"其实就是"Unit"的意思，中文的意思就是"单元"，1U=1.75 inch。

机柜的安装通常按以下步骤进行。

1. 固定安装支架

在将集线器安装至机柜之前，应当先在集线器规定位置上安装固定支架（这要参照操作手册进行），这是为以后将集线器安装在机架上做准备。不同的集线器，所安装的支架有较大的差异，不过，安装原理基本上是一致的。

2. 固定设备

支架固定好之后，接下来要做的就是把安装好支架的集线器设备放入机柜相应位置，并固定在机柜中。其实这种安装方法很容易，实际上只是固定几颗螺钉即可。

3. 固定导线器

将集线器安装至机柜后，就要进行网线连接，在一个机柜中一般而言有好几台网络设备在一起，这样也就会有许多根网线集中在这个机柜中，如果这些网线不理清楚的话会给网络管理带来非常大的不便，为此就需要对网线进行捆绑安装、整理。这时一般要为网线安装导线器，从而使成束的网线变得整齐和美观，且易于管理。

对于较大网络，一般将机架式集线器安装在机柜中；小型办公室通常没有机柜，集线器只能安装在桌面或墙面上。

集线器在桌面上的安装，可先固定安装支架在桌面上，这种安装方式要注意有两种不同的安装方向：一种是让集线器水平放置的水平安装方式，即水平固定方式；另一种是让集线器垂直放置的安装方式。

## 四、网桥

网桥也称桥接器，它工作在数据链路层，在网络互联中起到数据接收、地址过渡以及数据转发的作用，用于实现多个网络系统之间的数据交换。

网桥是连接两个局域网的一种存储—转发设备。它能将一个大的局域网分割为多个网段，或将两个以上的局域网互联为一个逻辑局域网，使局域网上的所有用户都可以访问服务器。

### （一）网桥的工作原理

网桥通过在每个端口上面监听数据帧中的源 MAC 地址来学习其他设备的 MAC 地址，以建立一张 MAC 地址与端口的对应表。

网桥通过逆向学习维持 MAC 表，记录到达某主机的转发端口；当收到一个数据包后，分析包中的目的 MAC 地址，并查表转发相应端口；如果在表中查不到目的地址对应的端口，则向所有端口转发（除收到帧的端口外）。

网桥按照以下步骤工作。

1. 缓存：网桥首先会对收到的数据帧进行缓存并处理。

2. 过滤：判断帧的目标节点是否位于发送这个帧的网段中，如果是，网桥就不把帧转发到网桥的其他端口。

3. 转发：如果帧的目标节点位于另一个网络，网桥就将帧发往正确的网段。

4. 学习：每当帧经过网桥时，网桥首先在网桥表中查找帧的源 MAC 地址，如果该地址不在网桥表中，则将有该 MAC 地址及其所对应的网桥端口信息加入 MAC 表。

5. 扩散：如果在表中找不到目标地址，则按扩散的方法将该数据发送给与该网桥连接的、除发送该数据的网段外的所有网段。

### （二）网桥的基本特征

网桥在数据链路层上实现局域网互联，能够互联两个采用不同数据链路层协议、不同传输介质与不同传输速率的网络，以接收存储、地址过滤与转发的方式实现互联的网络之间的通信，可以分隔两个网络的冲突域，有利于改善互联网络的性能与安全性。

网桥不更改接收帧的数据字段的内容和格式，只是简单地将每个要传输的帧从一个局域网中复制下来，再原封不动地传送到另一个局域网，因此它要求两个局域网在 MAC 层（数据链路层）以上使用相同的协议。网桥所连接的局域网的 MAC 层与物理层协议可以不同。衡量网桥性能的参数主要是每秒钟接收与转发的帧数。

### （三）网桥的优缺点

优点：①可实现不同类型的局域网互联；②限制冲突域的范围；③隔离故障。

缺点：①无法控制广播；②只能用存储—转发方式，速度比较慢；③存在广播风暴问题；④无流量控制；⑤负载重时会出现丢帧现象。

### （四）透明网桥

透明网桥的标准是 IEEE 802.1d，又称为 802 网桥或生成树网桥。支持这种设计的人首要关心的是完全透明，即装有多个局域网的单位在买回 IEEE 标准网桥之后，只需把连接插头插入网桥即可，不需要改动硬件和软件，无须设置地址开关，无须装入路由表或参数。现有局域网的运行完全不受网桥的任何影响。

透明网桥以混杂方式工作，它接收与之连接的所有局域网传送的每一帧。当一帧到达时，网桥必须决定将其丢弃还是转发。如果要转发，则必须决定发往哪个局域网，这需要通过查询网桥中地址表的目的地址来做出决定。该表可列出每个可能的目的地，以及它属于哪一条输出线路。在插入网桥之初，所有的地址表均为空。由于网桥不知道任何目的地的位置，因而采用扩散算法，把每个到来的、目的地不明的帧输出到连在此网桥的所有局域网中（除了发送该帧的局域网）。随着时间的推移，网桥逐渐了解每个目的地的位置。透明网桥的地址表记录三个信息：站地址、端口和时间。一旦知道了目的地位置，发往该处的帧就只发到适当的局域网上，而不再散发。

透明网桥采用的算法是逆向学习法。网桥能看见所连接的任一局域网上传送的帧。查看源地址即可知道在哪个局域网上可访问哪台机器，于是在地址表中添上这一项。

透明网桥技术主要用于以太网。一般用在两个使用同样的 MAC 层协议的网段之间的互联。

透明网桥由各个网桥自己来决定路由选择，局域网上的各节点不负责路由选择，网桥对于互联局域网的各节点而言是"透明"的。透明网桥的最大优点是容易安装，是一种即插即用设备。

为了使地址表能反映整个网络的最新拓扑，要将每个帧到达网桥的时间登记下来，以便在地址表中保留网络拓扑的最新状态信息。

当计算机和网桥加电、断电或迁移时，网络的拓扑结构会随之改变。为了处理动态拓扑问题，每当增加地址表项时，均在该项中注明帧的到达时间。每当目的地已在表中的帧到达时，将以到达时间更新该项。这样，从表中每项的时间即可知道该机器最后的帧到来的时间。网桥中有一个进程会定期扫描地址表，清除时间早于当前时间若干分钟的全部表项。这样就使网桥中的地址表能反映当前网络拓扑的状态。如果从局域网上取下一台计算机，并在别处重新连到局域网上的话，那么在几分钟内，它即可重新开始正常工作而无须人工干预。这个算法同时也意味着，如果机器在几分钟内无动作，那么发给它的帧将不得不散发，一直到它自己发送出一帧为止。

到达帧的路由选择过程取决于发送的局域网（源局域网）和目的地所在的局域网（目的局域网）。如果源局域网和目的局域网相同，则丢弃该帧；如果源局域网和目的局域网不同，则转发该帧；如果目的局域网未知，则进行扩散。

透明网桥的优点是易于安装，只需插进电缆即大功告成。但是从另一方面而言，这种网桥并没有最充分地利用带宽，因为它们仅仅用到了拓扑结构的一个子集（生成树）。这两个（或其他）因素的相对重要性导致了 802 委员会内部的分裂，支持 CSMA/CD 和令牌总线的人选择了透明网桥，而令牌环的支持者则偏爱一种称为源路由选择的网桥，即源路选网桥。

## （五）源路选网桥

源路选网桥技术主要用于令牌环网。源路由桥接假定在局域网间由源发送的所有帧均含有源到目的地的路由。源路由桥接根据由源标明在帧中的某一字段中的路由进行存储和转发数据帧。

源路选网桥由发送帧的源节点负责路由选择；假定每个节点在发送帧时，都已经清楚地知道发往各个目的节点的路由，并将详细路由信息放在发送帧的首部。

为了发现适合的路由，源节点以广播方式向目的节点发送一个用于探测的发现帧；发现帧将在整个通过网桥互联的局域网中沿着所有可能的路由传送；当这些发现帧到达目的节点时，就沿着各自的路由返回源节点；源节点在得到这些路由信息之后，从所有可能的路由中选择出一个最佳路由。

源路选网桥的核心思想是假定每个帧的发送者都知道接收者是否在同一局域

网上。当发送一帧到其他局域网时，源机器将目的地址的高位设置成 1 作为标记。此外，它还在帧头加入此帧应走的实际路径。

源路选网桥只关心那些目的地址高位设置为 1 的帧，当见到这样的帧时，它扫描帧头中的路由，寻找发来此帧的那个局域网的编号。如果发来此帧的那个局域网编号后跟的是本网桥的编号，则将此帧转发到路由表中自己后面的那个局域网。如果该局域网编号后跟的不是本网桥，则不转发此帧。这一算法有三种可能的具体实现：软件、硬件和软硬件混合。这三种具体实现的方法的价格和性能各不相同。软件没有接口硬件开销，但需要速度很快的 CPU 处理所有到来的帧。软硬件混合实现需要特殊的 VLSI 芯片，该芯片分担了网桥的许多工作，因此，网桥可以采用速度较慢的 CPU，或者可以连接更多的局域网。

源路由选择的前提是互联网中的每台机器都知道所有其他机器的最佳路由。如何得到这些路由是源路由选择算法的重要部分。获取路由算法的基本思想是：如果不知道目的地地址的位置，源机器就发布一广播帧，询问它在哪里。每个网桥都转发该查找帧，这样该帧就可到达互联网中的每一个局域网。当答复回来时，途经的网桥将它们自己的标识记录在答复帧中，于是，广播帧的发送者就可以得到确切的路由，并可从中选取最佳路由。

虽然此算法可以找到最佳路由（它找到了所有的路由)，但同时也面临着帧爆炸的问题。透明网桥也会发生类似的状况，但相对而言没有源路选网桥严重。透明网桥的扩散是按生成树进行，所以传送的总帧数是网络大小的线性函数，而源路选网桥选择传送的总帧数是网络大小的指数函数。一旦主机找到至某目的地的一条路由，它就将其存入主机中的高速缓冲区，无须再做查找。虽然这种方法大大遏制了帧爆炸，但它给所有的主机增加了事务性负担，而且整个算法肯定是不透明的。

## （六）网桥与广播风暴

桥接循环即通过网桥互联的系统中出现环形结构，使网桥反复地复制和转发同一个帧。这样不仅会导致所有网桥都失去作用，而且会导致广播帧急剧增加，增加网络不必要的通信量并降低系统性能。网桥的"盲目"广播会使网络无用的通信量剧增，造成"广播风暴"。

广播风暴是指广播数据充斥网络而无法处理，并占用大量网络带宽，导致正常业务不能运行，甚至彻底瘫痪。

生成树算法可以防止出现桥接循环。生成树是每一个由多个网段经多个网桥桥接在一起的复杂网络，可看作图论中的一个无向图，在这个无向图中，每个网段和每个网桥相当于一个节点，网段与网桥之间的连接相当于一条边。根据图论中，对于任何一个由多个节点和连接每一对节点的边构成的一个连通图，都存在一棵部分边组成的生成树，既可保持图中各节点的连通性，同时又不存在环路。

采用生成树算法，可求出一个给定连通图的生成树。为了建造生成树，首先必须选出一个网桥作为生成树的根。实现的方法是每个网桥广播其序列号，该序列号由厂家设置并保证全球唯一，选择序列号最小的网桥为根。按根到每个网桥的最短路径来构造生成树。如果某个网桥或局域网失败，则重新计算。生成树算法的结果是建立从每个局域网到根网桥的唯一路径。该过程由生成树算法软件自动运行产生。

生成树算法通过网桥之间的协商构造出一个生成树。这些协商的结果每个网桥都有一个端口被置于转发状态，其他端则被置于阻塞状态。该过程将保证网络中的任何两个设备之间只有一个通路，创建一个逻辑上无环路的网络拓扑结构。

## 五、二层交换机

二层交换机工作在数据链路层。交换机采用基于硬件的转发机制，完成帧的转发，其交换时延可以减少到 μs 量级。二层交换机可看作多端口的高速网桥。

交换式以太网可以通过交换机支持端口节点之间的多个并发连接，实现多节点之间数据的并发传输。交换机内部采用交叉总线结构，在需要进行数据交换时，通过控制电路在端口之间建立点对点连接。

交换机具有 MAC 地址学习功能，通过查找 MAC 地址表将接收到的数据传送到目的端口，可以分割冲突域，它的每一个端口相应地称为一个冲突域。但交换机下连接的设备依然在一个广播域中。

### （一）二层交换机的工作原理

二层交换机的工作原理与网桥类似，逆向学习源地址，构造 MAC 表，过滤本网段帧，隔离冲突域，转发异网段帧，广播未知目的地址的帧。

二层交换机的优点：交换速度快，可实现线速转发；端口密度高，一台交换机可连接多个网段，降低了组网成本。

二层交换机的技术特点：①低交换延迟。从传输延迟时间的量级来看，如果交换机为几十微秒，则网桥为几百微秒，路由器为几千微秒。②支持不同的传输速率和工作模式。端口可以支持半双工与全双工模式，交换机可以完成不同端口速率之间的转换。③支持虚拟局域网服务。交换式局域网是虚拟局域网的基础。④二层交换技术的发展比较成熟，二层交换机属数据链路层设备，可以识别数据包中的 MAC 地址信息，根据 MAC 地址进行转发，并将这些 MAC 地址与对应的端口记录在自己内部的一个地址表中。

二层交换技术具体的工作流程：当交换机从某个端口收到一个数据包时，它先读取包头中的源 MAC 地址，这样它就知道源 MAC 地址的机器是连在哪个端口上的。再去读取包头中的目的 MAC 地址，并在地址表中查找相应的端口。如果表中有与该目的 MAC 地址对应的端口，把数据包直接复制到该端口上。如果表中找不到相应的端口，则把数据包广播到所有端口上，当目的机器对源机器回应时，交换机又可以学习到目的 MAC 地址与哪个端口对应，在下次传送数据时就不再需要对所有端口进行广播。不断地循环这个过程，就可以学习到全网的 MAC 地址信息，二层交换机就是这样建立和维护地址表的。

由于交换机对多数端口的数据进行同时交换，这就要求具有很宽的交换总线带宽，假设二层交换机有 N 个端口，每个端口的带宽是 M，交换机总线带宽超过 $N \times M$，那么这台交换机就可以实现线速交换。

交换机学习端口连接的机器的 MAC 地址，写入自己的地址表，地址表的大小（一般有两种表示方式，即 BEFFER、RAM 和 MAC 表项数值）影响交换机的接入容量。

二层交换机一般都含有专门用于处理数据包转发的芯片，因此转发速度非常快。由于各个厂家采用的芯片不同，其产品性能也不同。

## （二）"端口号 /MAC 地址映射表"的建立与维护

交换机利用端口号 /MAC 地址映射表进行数据交换，因此该表的建立和维护十分重要。建立和维护端口号 /MAC 地址映射表需要解决两个问题：一是交换机如何知道哪个节点连接哪个端口；二是当节点从交换机的一个端口转移到另一个端口时，交换机如何修改地址映射表。交换机利用"地址学习"功能来动态建立和维护端口号 /MAC 地址映射表。

交换机的"地址学习"能读取帧的源地址并记录帧进入交换机的端口号。在得到 MAC 地址与端口的对应关系后，交换机将检查端口号 /MAC 地址映射表，如果不存在该对应关系，交换机将对应关系加入端口号/MAC 地址映射表中。如果已存在该对应关系，交换机将更新该表项记录。

在每次加入或更新端口号/MAC 地址映射表的表项时，加入或更改的表项被赋予一个计时器，这使该端口与 MAC 地址的对应关系能存储一段时间。如果在计时器溢出前没有再次捕获到该端口与 MAC 地址的对应关系，该表项将被交换机删除。通过删除过时已经不使用的表项，交换机能维护一个精确的、有用的端口号/MAC 地址映射表。

### （三）交换机的帧转发方式

#### 1. 直接交换方式

采用这种方式，交换机只要接收帧并检测到目的地址，就立即将该帧转发出去，而不用判断这帧数据是否出错。帧出错检测任务由计算机节点完成。这种交换方式的优点是交换延迟短；缺点是缺乏差错检测能力，帧错误会扩散到目的网段，不支持不同速率端口之间的帧转发。直接交换方式只要收到帧的前 6 个 B（目的 MAC 地址），就可以开始进行转发操作。

#### 2. 存储—转发方式

采用这种方式，交换机需要接收帧并进行差错检测。如果接收帧正确，则根据目的地址确定输出端口，然后再转发出去，这种交换方式的优点是具有差错检测能力，并支持不同速率端口之间的帧转发；缺点是交换延迟将会增长。要注意的是，采用这种方式是在整个帧完整接收后，对帧进行差错检验，然后再进行转发操作。

#### 3. 改进的直接交换方式

采用这种方式，在接收到帧的前 4 个 B 后，判断帧头字段是否正确，如果正确则转发出去。这种方法对于短的以太网帧而言，交换延迟与直通交换方式比较接近，对于长的以太网帧而言，由于它只对帧的地址字段与控制字段进行差错检测，因此，交换延迟将会减少。

#### 4. 无碎片直通转发

无碎片直通转发是在接收到一帧的前 64 B 后，再进行转发操作。小于 64 B 的帧不转发，因为帧出错的主要原因是冲突，而以太网的帧至少为 64 B。无碎片直通转发的优点是交换速度较快，并且降低了错误帧转发的概率；缺点是长度大于 64 B 的错误帧仍会转发，转发延时大于直通转发。

### （四）交换机组网的特点

将网络分隔成多个网段，每个端口为一个独立的网段，减少了冲突，提高了网络效率。

交换机能够同时在多对端口间无冲突地交换数据帧。

每个网段独享带宽，网段中的站点平均拥有带宽；如果每个端口只连一台主机，则每台主机独享带宽。

不能限制广播域，有可能产生广播风暴，必须采用生成树算法解决。

适用于小型网络到大型园区网络；大型网络中需解决广播问题。

交换速度快，可实现线速转发。

端口密度高，一台交换机可连接多个网段，降低了组网成本。

# 第二节　网络层设备

## 一、路由器

路由选择是指选择一条路径发送 IP 数据报的过程，而进行这种路由选择的计算机就称为路由器。互联网就是由具有路由选择功能的路由器将多个网络互联而成的。互联网中的每个自治的路由器独立地对待 IP 数据报。一旦 IP 数据报进入互联网，路由器就要负责为这些数据报选择路由，并将它们从源主机送往目的主机。

路由器是工作在 OSI 参考模型第三层（网络层）的互联设备，用以实现不同网络间的地址翻译、协议转换、帧格式转换和路由选择等功能。路由器互联的网络可以是多个不同的逻辑子网，每个逻辑子网都有不同的逻辑地址。一个逻辑子网可以对应一个独立的物理网段，也可以不对应。

路由器利用不同网络的协议地址来确定数据转发的目的地址。路由器通过 IP 地址将连接到其端口的设备划分为不同的网络（子网），每个端口下连接的网络即为一个广播域。广播数据不会扩散到该端口以外，因为路由器隔离了广播域。

在一个 TCP/IP 网络上，路由器提供所有物理网络之间的互联，路由器负责为报文分组选择路由，送往目的地。路由器进行的路由选择是基于目标网络，而不是基于目的主机。路由器以 IP 地址为基础进行路由选择。

路由器可由专用硬件（CPU、各类内存、各种端口）加上专用的特殊操作系统来实现，称为硬件路由。目前路由器具有多层交换功能。路由器也可由普通的计算机安装操作系统软件来实现，也就是软件路由。

## （一）路由器的功能特点

路由器的主要功能是建立并维护路由表，提供网络间的分组转发功能。

路中器主要完成网络层的功能，将数据分组从源端主机经最佳路径传送到目的主机，因此它必须具备两个最基本的功能：路由选择和数据转发。

路由器为不同网络类型、不同地理位置或不同网段的源节点和目的节点之间提供网络互联。通常，在路由过程中，信息会经过至少一个或多个中间节点。

路由器可实现不同网络间的地址翻译、协议转换和数据格式转换等功能；其主要工作是接收 IP 报文，然后查找路由表，找到能到达目的 IP 地址的网络端口，并将报文发送出去。由于应用需求对网络技术的推动和路由器在网络中的特殊位置，路由器已经不仅限于在广域网上提供最短路径查找、数据包转发功能，还能提供包过滤、多播、数据加密和阻隔非法访问等高级网络数据控制功能，以及流量控制、拥塞控制、计费等网络管理功能。

## （二）路由器的优点和缺点

优点：①限制了冲突域；②可以用于局域网或广域网的环境；③可以连接不同介质的网络和不同体系结构的网络；④可以为分组确定传输的最佳路径；⑤可以过滤广播信息。

缺点：①昂贵；②必须用于可路由协议网络；③配置复杂；④处理速度比网桥和交换机慢。

## （三）新一代路由器

由于多媒体等应用在网络中的发展，以及 ATM、快速以太网等新技术的不断采用，网络的带宽与速率飞速提高，传统的路由器已不能满足人们对路由器的性能要求。因为传统路由器分组转发的设计与实现均基于软件，在转发过程中对分组的处理要经过许多环节，转发过程复杂，且速率较慢。

此外，由于路由器是网络互联的关键设备，是网络与其他网络通信的一个"关口"，对安全性有很高的要求。传统的路由器在转发每一个分组时，都要进行一系列的复杂操作，包括路由查找、访问控制表匹配、地址解析、优先级管理以及其他的附加操作。这一系列的操作大大影响了路由器的性能与效率，降低了分组转发速率和转发的吞吐量，增加了 CPU 的负担。而经过路由器的前后分组间的相关性很大，具有相同目的地址和源地址的分组往往连续到达，这为分组的快速转发提供了实现的可能与依据。新一代路由器，如 IP Switch、Tag Switch 等，就是采用这一设计思想，用硬件来实现快速转发，从而大大提高了性能与效率。

新一代路由器使用转发缓存来简化分组的转发操作。在快速转发过程中，只需对一组具有相同目的地址和源地址的分组的前几个分组进行传统的路由转发处理，并把成功转发的分组的目的地址、源地址和下一网关地址（下一路由器地址）放入转发缓存中。当其后的分组要进行转发时，应先查看转发缓存，如果该分组的目的地址和源地址与转发缓存中的地址匹配，则直接根据转发缓存中的下一网关地址进行转发，而无须经过传统的复杂操作，这样大大减轻了路由器的负担，达到了提高路由器吞吐量的目标。

## 二、三层交换机

通过交换机可以把多个采用站点或网络连接在一起，由于各个端口都是独立的冲突域，信道之间的竞争大大降低，网络的性能得到提高。

三层交换机本质上是一种高速的路由器，虽不如路由器灵活，但容易控制且安全性能好。它提供的主要功能包括分组转发、路由处理、安全服务、特殊服务。

### （一）三层交换机的工作原理

三层交换技术就是第二层交换技术加三层转发技术。传统的交换技术是在 OSI 参考模型中的第二层（数据链路层）操作的，而三层交换技术是在网络模型中的第三层（网络层）实现数据包的高速转发。应用三层交换技术既可以实现网络路由的功能，又可以根据不同的网络状况实现最优的网络性能。三层交换机设计重点放在如何提高接收、处理和转发分组速度，以及减少传输延迟上，其功能是由硬件实现的，使用专用集成电路 ASIC，而不是路由处理软件。

目前的三层交换机主要有百兆交换机和千兆交换机，分别支持 100 Mbs 和 1 Gbs 的连接，一般情况下具有速率自适应的能力。由于交换机在转发分组时可以有多种处理方式，根据处理方式不同，交换机可以分为存储—转发式和直通式两种，许多交换机可以根据端口工作情况决定在两种模式下切换。许多厂家的三层交换机产品都支持端口汇聚、背板堆叠和模块扩展等技术。通过端口汇聚，可以提高服务器或下接速率，并提高网络的可靠性；通过背板堆叠，可以将几个交换机变成物理上一个更多端口的交换机，从而使端口密度大大增加，并增加总背板的宽度；通过扩展千兆模块，可以提高连接速率。

三层交换机提供可变上行链路端口、可配置性、可管理性、远程访问、生成树协议、虚拟局域网（VLAN），此外还支持更多的功能，如 VoIP 支持、第三层交换等，它还能提供更高的端口密度、扩展能力，更高级别的管理能力以及复原能力。

三层交换机克服了局域中网段划分之后各网段中的子网必须依赖路由器进行管理的局面，解决了传统路由器低速、复杂所造成的网络问题。三层交换技术并不是网络交换机与路由器的简单堆叠，而是两者有机结合形成的集成的、完整的解决方案。

三层交换技术能在各个层次提供线速性能。随着三层交换机在市场的不断推广和应用，三层交换技术及其产品在企业网、校园网的建设和宽带 IP 网络建设（如城域网、智能社区接入）中得到了广泛的应用。

在大型网络中，中心主干网络承担了巨大的通信压力，一般要采用具有较强扩展能力、更高的背板速率、更高的可靠性的中心交换机。这种交换机一般是机架式结构，具有多个扩展槽，用户可以根据需要选择千兆端口模块、百兆端口模块、ATM 模块等灵活地扩充，这类交换机可以具有上百 G 的背板速率，扩充至几百个百兆端口，并提供对 ATM 的支持。

三层交换机对于数据包转发等规律性的过程由硬件高速实现，而像路由信息更新、路由表维护、路由计算、路由确定等功能，则由软件实现。

## （二）三层交换机的应用

### 1. 应用于 VLAN 间的通信

出于安全和管理方便的考虑，且为了减少广播风暴的危害，必须把大型局域网按功能或地域等因素划分成一个个小的局域网，这就使 VLAN 技术在网络中得以大量应用，而各个不同 VLAN 之间的通信都要经过路由器来完成转发，并随着网间互访而不断增加。单纯使用路由器来实现网间访问，端口数量有限且路由速度较慢，因此网络的规模和访问速度受到限制。而三层交换机是为 IP 设计的，接口类型简单，拥有很强的包处理能力，非常适用于大型局域网内的数据路由与交换，它既可以工作在协议第三层替代或部分完成传统路由器的功能，同时又具有第二层交换的速度，且价格相对便宜。

同一网络上的计算机如果超过一定数量（通常在 200 台左右，视通信协议而定），就很可能会因为网络上大量的广播而导致网络传输效率低下。为了避免在大型交换机上进行广播所引起的广播风暴，可将其进一步划分为多个虚拟网（VLAN）。但是这样做将导致一个问题：VLAN 之间的通信必须通过路由器来实现。传统路由器也难以胜任 VLAN 之间的通信任务，因为相对于局域网的网络流量而言，传统的普通路由器的路由能力太弱。而千兆级路由器的价格也是难以令人接受的。如果使用三层交换机上的千兆端口或百兆端口连接不同的子网或 VLAN，就能在保持性能的前提下，经济地解决子网划分之后子网之间必须依赖路由器进行通信的问题，因此，三层交换机是连接子网的理想设备。

2. 在企业网和校园网中的应用

在企业网和校园网中，一般会将三层交换机用在网络的核心层，用三层交换机上的千兆端口或百兆端口连接不同的子网或 VLAN。不过我们应清醒地认识到三层交换机出现的最重要的目的是加快大型局域网内部的数据交换，它所具备的路由功能也多是围绕这一目的而展开的，所以它的路由功能没有同一档次的专业路由器强。毕竟它在安全、协议支持等方面还有许多欠缺，并不能完全取代路由器工作。

在实际应用过程中，典型的做法是：处于同一个局域网中的各个子网的互联以及局域网中 VLAN 间的路由，用三层交换机来代替路由器，而只有当局域网与公网之间互联要实现跨地域的网络访问时，才需要专业路由器。

在校园网、城域教育网中，骨干网、城域网骨干、汇聚层都有三层交换机的用武之地，尤其是核心骨干网一定要用三层交换机，否则整个网络中成千上万台的计算机都在一个子网中，不仅毫无安全可言，也会因为无法分割广播域而无法隔离广播风暴。

如果采用传统的路由器，虽然可以隔离广播，但是性能得不到保障。而三层交换机既有三层路由的功能，又具有二层交换的网络速度。三层交换除必要的路由决定过程外，大部分数据转发过程由二层交换处理，提高了数据包转发的效率。

三层交换机通过使用硬件交换机构实现了路由功能，其优化的路由软件使得路由过程效率提高，解决了传统路由器软件路由的速度问题。因此可以说，三层交换机具有"路由器的功能、交换机的性能"。

### （三）三层交换机的优点

#### 1. 可扩充性

三层交换机在连接多个子网时，子网只是与第三层交换模块建立逻辑连接，不像传统外接路由器那样需要增加端口，从而降低了用户的投资，并且可以满足网络应用快速增长的需要。

#### 2. 高性价比

三层交换机具有连接大型网络的能力，功能基本上可以取代某些传统路由器，但是价格却接近二层交换机。

#### 3. 内置安全机制

三层交换机可以与普通路由器一样，具有访问列表的功能，可以实现不同VLAN 间的单向或双向通信。如果在访问列表中进行设置，可以限制用户访问特定的 IP 地址。访问列表不仅可以用于禁止内部用户访问某些站点，也可以用于防止外部的非法用户访问内部的网络资源，从而提高网络的安全。

#### 4. 适合多媒体传输

网络需要传输多媒体信息。三层交换机具有 QoS（服务质量）的控制功能，可以给不同的应用程序分配不同的带宽。

例如，在传输视频流时，可以专门为视频传输预留一定量的专用带宽，相当于在网络中开辟了专用通道，其他的应用程序不能占用这些预留的带宽，因此能够保证视频流传输的稳定性。而普通的二层交换机就没有这种特性，因此在传输视频数据时，就会出现视频忽快忽慢的抖动现象。

此外，由于有些视频点播系统使用广播来传输，而广播包不能实现跨网段传输，这样视频点播系统就不能实现跨网段；如果采用单播形式实现视频点播系统，虽然可以实现跨网段，但是支持的同时连接数就非常少，一般几十个连接就占用了全部带宽。而三层交换机具有组播功能，视频点播系统的数据包以组播的形式发向各个子网，既实现了跨网段传输，又保证了视频点播系统的性能。

#### 5. 计费功能

三层交换机可以识别数据包中的 IP 地址信息，可以统计网络中计算机的数据流量，按流量计费；也可以统计计算机连接在网络上的时间，按时间计费。而普通的二层交换机就难以同时做到这两点。

三层技术的不足是，虽然第三层交换技术允许用户获得不失真的 100 Mbps 和

61

1 000 Mbps 的数据交换速率，可以在工作组之间快速切换。但一切都基于这样一个事实，即只有当用户和服务器的数值能够达到网络带宽增长的标准时，包传输才能达到 CPU 所能达到的最大速度。最重要的问题是如何改进服务器的功能。工作站具有越来越强大的连接到以太网交换桌面的功能，而这些功能并没有利用用户桌面的功能。如果能够满足服务器容量的需求，则很容易解决问题。然而，即使是最简单的对称多处理服务器也需要大量的 CPU 升级和复杂的管理计划。当网络的基础设施建立在二层和三层以 g 位速率交换时，使用高速 WAN 访问，服务器的问题就成为限制网络的瓶颈。如果服务器跟不上，即使最快的交换网络也不能保证端到端性能。可以想象，在这个具有服务质量（QoS）的网络中，高优先级的服务可能会被服务器中的低优先级服务队列阻塞。即使在极端情况下，服务器也会失去循环业务的能力。

## 三、四层交换机

### （一）四层交换机概述

四层交换机是基于传输层数据包的交换过程，以及基于 TCP/IP 协议应用层的用户应用交换需求的交换机。四层交换机支持 TCP/IP 第四层以下的所有协议，可根据 TCP/IP 端口号来区分数据包的应用类型，从而实现应用层的访问控制和服务质量保证。所以，与其说四层交换机是硬件网络设备，不如说它是软件网络管理系统。即四层交换机是以软件技术为主、以硬件技术为辅的网络管理交换设备。

四层交换技术利用第三层和第四层包头中的信息来识别应用数据流会话，这些信息包括 TCP/IP 端口号、标记应用会话开始与结束的"SYN/FIN"位以及 IP 源地址和目的地址。利用这些信息，四层交换机可以做出向何处转发会话传输流的智能决定。对于使用多种不同系统来支持一种应用的大型企业数据中心、Internet 服务提供商或内容提供商，以及在很多服务器上进行复制功能时，四层交换的作用尤为重要。四层交换机用于高速网络应用，它支持 1000 Mbps，甚至更高速率的接口。

四层交换机除支持负载均衡功能外还支持其他功能，如基于应用类型和用户 ID 的传输流控制功能。采用多级排队技术，四层交换机可以根据应用来标记传输流以及为传输流分配优先级。此外，四层交换机直接安放在服务器前端，它了解应用会话内容和用户权限，因而它可以成为防止非授权访问服务器的理想平台。

四层数据交换不仅依据 MAC 地址（第二层网桥）或源 IP 地址和目标 IP 地址（第三层路由），而且依据 TCP/UDP（第四层）应用端口号。四层交换机传输业务服从的协议多种多样，有 HTTP、FTP、NFS、Telnet 或其他协议。这些业务在物理服务器基础上，需要复杂的载量平衡算法。业务类型由终端 TCP 或 UDP 的端口地址来决定，在四层交换机的应用中则由源端和终端 IP 地址、TCP 和 UDP 端口共同决定。

在四层交换机中为每个供搜寻使用的服务器组设立虚 IP 地址（VIP），每组服务器支持某种应用。在域名服务器（DNS）中存储的每个应用服务器地址是 VIP，而不是真实的服务器地址。当某用户申请应用时，一个带有目标服务器组的 VIP 连接请求发给四层交换机。四层交换机在组中选取相应的服务器，将终端地址中的 VIP 用实际服务器的 IP 取代，并将连接请求传给服务器。

在第四层中，TCP 和 UDP 标题包含端口号，它们可以区分每个数据包包含哪些应用协议，如 HTTP、FTP 等。端点系统利用这种信息来区分包中的数据，尤其是端口号使一个接收端计算机系统能够确定它所收到的 IP 包类型，并把它交给合适的高层软件。TCP/UDP 端口号提供的附加信息可以被网络交换机所使用，这是四层交换的基础。

在发出一个服务请求时，四层交换机通过判定 TCP 来识别一次会话的开始，然后它利用复杂的算法来确定处理这个请求的最佳服务器。一旦做出决定，交换机就将会话与一个具体的 IP 地址联系在一起，并用该服务器真正的 IP 地址来代替服务器上的 VIP 地址。每台四层交换机都保存一个与被选择的服务器相配的源 IP 地址以及与源 TCP 端口相关的连接表。然后，四层交换机向这台服务器转发连接请求，所有后续包在客户机与服务器之间重新映射和转发，直到交换机发现会话为止。

## （二）四层交换机的重要技术

四层交换设备是用传输层数据包的包头信息来帮助信息交换和传输处理的。四层交换机的交换信息所描述的具体内容，实质上是一个包含在每个 IP 包中的所有协议或进程，如用于 WEB 传输的 HTTP、用于文件传输的 FTP、用于终端通信的 Telnet、用于安全通信的 SSL 等协议。

由于 TCP 和 UDP 数据包的包头不仅包括"端口号"这个域，还能指明正在传输的数据包是什么类型的网络数据。使用这种与特定应用有关的信息（端口号），就可以完成大量与网络数据、信息传输和交换相关的质量服务。

四层交换机普遍采用的技术有以下五种。

### 1. 包过滤 / 安全控制

采用第四层信息定义过滤规则已成为路由器默认的标准。所以有许多路由器被用作包过滤防火墙。这种防火墙不仅能够配置允许或禁止 IP 子网间的连接，还可以控制指定 TCP/IP 端口的通信。与传统的基于软件的路由器不一样，四层交换区别于三层交换的主要不同之处，就在于这种过滤能力是在专用高速芯片中实现的，从而使这种安全过滤控制机制可以全线速地进行，极大地提高了包过滤速率。

### 2. 服务质量

在网络系统的层次结构中，TCP/UDP 所在的第四层信息往往用于建立应用级通信优先权限。如果没有四层交换概念，服务质量 / 服务级别就必然受制于第二层和第三层提供的信息，如 MAC 地址、交换端口、IP 子网或 VLAN 等。显然，在信息通信中，因缺乏第四层信息而受到妨碍时，紧急应用的优先权就无从谈起，这将大大阻碍紧急应用在网络上的迅速传输。四层交换机允许用基于目的地址、目的端口号（应用服务）的组合来区分优先级，于是紧急应用就可以获得网络的高级别服务。

### 3. 服务器负载均衡

在相似服务内容的多台服务器间提供平衡流量负载均衡是一项非常重要的应用。四层交换机支持服务器负载均衡方式。它将附加有负载服务的 IP 地址，通过不同的物理服务器组成一个集，共同提供相同的服务，并将其定义为一个单独的虚拟服务器。这个虚拟服务器是一个有单独 IP 地址的逻辑服务器，用户数据流只需指向虚拟服务器的 IP 地址，而不直接和物理服务器的真实 IP 地址进行通信。只有通过交换机执行的网络地址转换（NAT）后，未被注册 IP 地址的服务器才能获得被访问的能力。这种定义虚拟服务器的另一好处是，在隐藏服务器的实际 IP 地址后，可以有效地防止非授权访问。

虚拟服务器是基于应用服务器定义的，这样独立服务器便可以是虚拟服务器的成员。而使用第四层对话标志信息，四层交换机则可以使用许多负载均衡方法，在虚拟服务器组里转换通信流量，其中 OSPF 和 RIP 等协议与线速交换和负载均衡是一致的。四层交换机可以利用 TRL（事务速率限制）功能所提供的复杂机制，针对流量特性来遏制或拒绝不同应用类型服务。还可以借助 CRL（连接速率限制）

功能，使网络管理员指定在给定的时间内所允许的连接数，保障服务质量。

### 4. 主机备用连接

主机备用连接为端口设备提供冗余连接，从而在交换机发生故障时提供有效保护。这种服务允许定义主备交换机，同虚拟服务器定义一样，它们有相同的配置参数。由于主备交换机共享相同的 MAC 地址，备份交换机接收与主交换机全部一样的数据。这使得备份交换机能够监视主交换机服务的通信内容。主交换机持续地通知备份交换机第四层的有关数据、MAC 数据以及它的电源状况；主交换机失败时，备份交换机就会自动接管，不会中断对话或连接。

### 5. 统计记录

通过查询第四层数据包，四层交换机能够提供更详细的统计记录。因为管理员可以收集到更详细的具体 IP 地址进行通信的信息，甚至可根据通信中涉及哪一个应用层服务来收集通信信息。当服务器支持多个服务时，这些统计对于考察服务器上每个应用的负载尤其有效。增加的统计服务对于使用交换机的服务器负载平衡服务连接同样十分有用。

## （三）四层交换机增强组网能力的体现

在一个由服务器组支持的企业网应用中，往往要考虑为紧急服务提供备份连接，其中四层交换机是必不可少的重要应用设备。

### 1. 应用灵活

四层交换机在网络中的应用非常灵活，既可以是网络的汇接点设备，又可以应用在局域网分布层的边缘接入处，甚至还可以作为工作组级支持交换到桌面。特别是在性能和功能方面，工作组级四层交换机，不但能够在网络中实现端到端的服务质量，能应用于网络边缘识别，还能为数据包打上优先级标记，如运行 IEEE 802.1q 协议等。在拥塞控制、拥塞避免和数据整形方面，虽然某些三层交换机也支持排队阻塞控制及 IEEE 802.3x 协议等，四层交换机还支持广泛应用于路由器而很少应用于三层交换机上的 WRR（加权循环）、WRED（加权随机早期检测）、RED（随机早期检测）、CAR（承诺访问速率）等应用层协议。

四层交换机在服务质量控制等方面的性能与二层交换机相比有很大提高。如在优先级方面，原千兆接入交换机的每个百兆端口仅仅支持两个队列，而新一代智能边缘四层交换机则可以支持四个队列。

### 2. 提高安全性

四层交换机的包过滤能够为自己所辖网络和服务器提供保护标准，利用这些保护标准可以对付来自某个 IP 地址或子网的特定应用的非授权访问。即包过滤器能够禁止特定的一组用户或子网访问服务器，或者反过来，可以赋予一组用户或子网访问的权利。

### 3. 改进对紧急任务的服务质量

为了向基于 HTTP 的应用提供比服务器群所支持的其他服务级别更高的服务，可以在应用层定义通信优先权（服务质量）。所有给这个服务器的目标端口为 HTTP 的数据可以得到一个比到该机其他端口的数据更高的优先权。因此，网络的边缘和核心都可以适用四层交换机，这类交换完全能够用于在整个网络上为基于 Web 数据流的服务器提供高水平服务。

### 4. 优化可访问能力

服务器负载平衡能力可根据用户的需要，均衡地分配到每台服务器的访问流量，性能较高的服务器能够接收更多的对话，否则可以在特定的服务器上对提供服务的对话数进行限制。为了实现这一点，要定义包括多个服务器的虚拟服务器组，设置相应的负载均衡尺度，而这些正是四层交换机所特有的支持能力。

### 5. 增强网络的可伸缩性

采用四层交换机可以提高服务器群的可伸缩性，因为服务器作为双宿主机与两个交换机分别连接后，这些交换机的地位平等，均有通用的 IP 地址和 MAC 地址。辅助交换机一直在镜像主交换机的操作，如果主交换机发生故障，辅助交换机可以立即接管工作。

### 6. 改进管理

管理员使用四层交换机支持的统计特性能够获得更加丰富的服务器群的数据和管理信息。管理员不仅可以跟踪服务器和客户机之间的数据，还可以很好地跟踪应用服务，如在服务器上的活动和被打开对话数等重要信息，从而增强网络管理性能。

## （四）三种交换机技术的区别

四层交换机工作于 OSI 参考模型的第四层（传输层），其实它同样具备普通的三层交换机一样的功能，只是比三层交换机还多具备了传输层的功能。四层交换机主要为源主机与目的主机之间的传输服务，增加传输的稳定与可靠性，包括

TCP 和 UDP 等一系列服务。

二层交换机是根据第二层（数据链路层）的 MAC 地址表进行数据交换，因此二层交换机的最大优势是数据传输速度快，因为它只需识别数据帧中的 MAC 地址，而且直接根据 MAC 地址产生选择转发端口的算法十分简单，非常便于采用专用芯片实现。但二层交换机无法控制各信息点的流量，缺乏方便实用的路由功能。二层交换机主要用于小型局域网络。在小型局域网中，广播包影响不大，二层交换机的快速交换功能、多个接入端口和低廉价格为小型网络用户提供了很完善的解决方案。

三层交换机是直接根据网络层 IP 地址来完成数据交换的。表面上看，三层交换机是二层交换机与路由器合二为一，然而这种结合并非简单的物理结合，而是各取所长的逻辑结合。其重要表现是，当某一信息源的第一个数据流进行三层交换后，其中的路由模块将会产生一个 MAC 地址与 IP 地址的映射表，并将该表存储起来。当同一信息源的后续数据流再次进入交换环境时，交换机将根据第一次产生并保存的地址映射表，直接从第二层由源地址传输到目的地址，不再经过第三层路由系统处理，从而消除了路由选择时造成的网络延迟，提高了数据包的转发效率，解决了网间传输信息时路由产生的速率"瓶颈"。所以说，三层交换机既可完成二层交换机的端口交换功能，又可完成部分路由器的路由功能。即三层交换机的交换实际上是一个能够支持多层次动态集成的解决方案。虽然这种多层次动态集成功能在某些程度上也能由传统路由器和二层交换机搭载完成，但与三层交换机相比，这种方案不仅需要更多的设备配置、占用更大的空间、设计更多的布线和花费更高的成本，而且数据传输性能也要差很多。

三层交换机的重要功能是加快大型局域网络内部数据的快速转发，加入路由也是为这个目的的服务的。二层交换机和三层交换机都是基于端口地址的端到端的交换过程。虽然这种基于 MAC 地址和 IP 地址的交换机技术能够极大地提高各节点之间的数据传输率，但却无法根据端口主机的应用需求来确定或动态限制端口的交换过程和数据流量，即缺乏第四层智能应用交换需求。而新型的四层交换机则可以很好地解决以上问题。四层交换机不仅可以完成端到端交换，还能根据端口主机的应用程序，确定或限定它的交换流量。

# 第四章 局域网

## 第一节 局域网概述

### 一、局域网的定义

局域网（LAN）指将覆盖在几千米以内某个区域内的多台计算机互连，从而构成的计算机通信网。局域网的覆盖范围较小，一般可以用于一个家庭、一所学校、一个办公室或一个企业的网络组建，其可以实现应用程序、扫描仪、打印机等资源的共享，以及工作组内部的日程安排、向用户提供电子邮件的传输等功能。

局域网是计算机网络重要的组成部分，是结构复杂度比较低的一种网络形式，它既具有一般计算机网络的特点，又具有自己独有的特征。

### 二、局域网的组成

局域网主要由硬件部分和软件部分组成。

#### （一）硬件部分

局域网的硬件部分是组成局域网物理结构的设备，根据设备的功能，局域网的硬件部分可分为以下四种。

1. 客户机

客户机也称为工作站，是局域网中用户所使用的计算机。通过客户机，用户可以使用服务器所共享的文件、打印机等各种资源。客户机本身具备单独的处理能力，在需要网络中的共享资源时，可以将获取的网络资源交由自己的 CPU 和内存进行处理。

2. 服务器

服务器是整个网络的服务中心，一般由一台或者多台规模大、功能强的计算机来担任，服务器运行的是网络操作系统，具有为网络中的多个用户同时提供数据共享及打印机共享等服务的功能。因此，服务器一般需要具有高速的数据处理能力、强大的吞吐能力及高扩展性能。

服务器根据其所能提供的功能，可以分为文件服务器、打印服务器、数据库服务器、Web 服务器等。

### 3. 专用的通信设备

在局域网中，常见的通信设备有网卡、集线器、交换机、路由器等，通过这些设备可以实现局域网中数据的转发、信号类型的转换等功能。

### 4. 网络传输介质

网络传输介质主要用于局域网中的通信设备、服务器或主机之间的连接，可以分为有线传输介质和无线传输介质两类，常用的传输介质有同轴电缆、光纤和双绞线等。

## （二）软件部分

局域网中的软件部分主要包含网络操作系统、网络通信协议和网络软件。

### 1. 网络操作系统

网络操作系统和网络管理软件是网络的核心，能够实现对网络的控制以及管理，并能够为网络中的用户提供各种服务以及共享的网络资源。

### 2. 网络通信协议

网络通信协议是网络中各个计算机之间通信和联系时所要遵循的共同约定、标准和规则。

### 3. 网络软件

网络软件是指为计算机网络中的用户提供服务并能解决实际问题的软件。

## 三、局域网的特点

局域网由于其通信距离局限在一定的范围内，故具有与城域网、广域网完全不同的特点，具体如下。

## （一）地理范围有限

局域网中各节点分布的地理范围比较小，通常不超过几十千米，覆盖范围可以是一个园区、一幢建筑或一个房间，以光纤、双绞线作为主要的传输介质。

### （二）数据传输速率高

由于局域网的覆盖范围有限，所以可采用高性能的传输介质，使线路有较宽的频带，以提高通信速率。局域网的传输速率一般为 10 ~ 100 Mbps，目前已出现高达 100 Gbps 的局域网。

### （三）可靠性高，误码率低

局域网的通信线路较短，其出现差错的机会相对较少，数据传输过程中受干扰因素影响较小，可靠性高。

### （四）组网简单，易于实现

局域网结构简单，一般有特定的拓扑结构，其拓扑结构有星型、总线型、环型和树型。局域网一般不受其他网络规定的约束，易于进行网络的更新与扩充。

### （五）便于安装、管理与维护

局域网覆盖面积小，一般铺设在企业或校园中，建网成本较低，便于进行批量设备的统一安装。

## 四、局域网的拓扑结构

在计算机网络中，当各个网络设备之间互联时，需要采取一定的结构形式进行连接。把计算机、终端等网络设备抽象为点，把网络中的传输介质抽象为线，由这些点和线所组成的结构形式称为网络拓扑结构。网络的拓扑结构能够反映出网络中所有设备之间的组成模式，它对整个网络的设计、功能、可靠性、通信费用、扩充灵活性、实现的难易程度等都有着重要的影响，局域网中常见的拓扑结构有星型、总线型、环型和树型。

### （一）星型拓扑结构

星型拓扑结构是目前局域网中使用最广泛的一种网络连接方式，在此种网络结构中，所有计算机都连接到一个中心节点上，该中心节点一般是集线器或者交换机。

星型拓扑结构的优点主要有：①容易管理和维护。网络中所有节点都与中心节点连接，因而其控制介质访问的方法也很简单。此外，当单个节点发生故障时，便于检测与隔离，不会影响其他节点。②扩充方便。星型拓扑结构的网络结构简单，网络中的中心节点可以是集线器或者交换机，各个节点之间的通信都通过中心节点来实现数据的交换或传输，节点扩充方便，成本较低。③网络延迟时间短，传输误差较低。

星型拓扑结构的缺点主要有：①网络中任何节点都与中心节点互连，因而对中心节点的冗余度和可靠性要求较高，如果中心节点发生故障，则会引起全网瘫痪，导致可靠性降低。②由于每个节点都与中心节点直接相连，需要大量的电缆，因此费用较高。

### （二）总线型拓扑结构

总线型拓扑结构是局域网中主要的拓扑结构形式之一，它采用单根的传输介质作为公共的传输介质（该传输介质称为总线），网络中所有的计算机都通过硬件接口连接到这根传输介质上。任何一台计算机都能通过传输介质发送信号，并沿着传输介质广播信号，在某一时刻只允许一个节点发送数据。总线型拓扑结构一般适用于需要随时扩充工作站的网络系统环境。

总线型拓扑结构的优点主要有：①所需要的连接电缆数量少，造价低，便于布线和维护。②结构简单，可靠性高。③易于扩充，增加节点及拆卸节点都比较方便。④布线比较容易。

总线型拓扑结构的缺点主要有：①传输距离有限，通信范围受到限制。②故障诊断与隔离比较困难。由于网络采用分布式的控制方法，网络中的故障诊断与隔离需要在各个节点上进行，任何一个节点发生故障都会导致网络瘫痪，因此故障诊断与隔离比较困难。③由于采用共享总线的方式进行数据传输，随着用户数量的增加，网络的通信性能大大下降。④网络中各个节点之间没有主从关系，若某一时刻多个节点同时发送数据，则会产生"冲突"。

### （三）环型拓扑结构

环型拓扑结构是将网络中的各个计算机与公共的线缆进行连接，组成一个首尾闭合的环。在环型拓扑结构的网络中，数据在传输时是单方向的，即只能在一个方向上传输数据，所有的链路都按照同一个方向进行传输。

环型拓扑结构网络中的任何节点都可以请求发送信息，但数据的传输方向是单向的。从任何一个节点发出的信息沿环路一周返回到发送节点并进行回收，当信息经过目的节点时，目的节点根据接收数据中的目的地址判断出自己是接收节点，并将该数据拷贝到自己的缓冲区。

环型拓扑结构的优点主要有：①初始安装容易，结构简单，易于实现。②环型网络的数据传输时是单向的，因此路径控制比较简单。③环型网络在某一时刻只能有一个节点传输数据，因此能够有效地避免冲突。

环型拓扑结构的缺点主要有：①由于网络是闭合的环，所以当网络中任何一个节点发生故障，就容易引起整个网络瘫痪。②由于环路封闭，网络不利于扩充。③环型网络的吞吐量较小，不适于大流量的信息传输。

### （四）树型拓扑结构

树型拓扑结构的网络是一种分层结构的网络，其结构比较固定，可以分为根节点和各个分支节点。

树型拓扑结构的优点主要有：①易于扩展。在网络中容易加入新的分支和节点，网络扩展方便。②故障隔离容易。由于网络采用分层结构，当网络中某一分支或节点发生故障时，容易隔离。

树型拓扑结构的缺点主要有：对根节点的依赖性强，一旦根节点发生故障，就会导致全网瘫痪。

# 第二节　局域网与 IEEE 802 参考模型

## 一、局域网的体系结构

局域网是在有限的地理范围内借助网络传输介质将网络设备及多台主机互联到一起，以实现数据通信和资源共享的网络形式，其拓扑结构比较简单，网络中的所有主机之间均可直接进行数据通信。网络中的任一主机在发送数据时均采取广播的方式进行发送，网络中的所有主机都能收到信息，目的主机通过对数据帧中的目的地址进行核对，以此来判断是否接收该数据帧。

在局域网中，物理层可以实现两台主机之间的物理连接，数据链路层可以实现数据帧的传输、差错控制和流量控制，使不可靠的数据传输转变成可靠的数据传输，这两层的功能都非常必要。因此，结合局域网自身的特点，根据 OSI 参考模型，IEEE 802 委员会制定了局域网的体系结构，OSI/RM 参考模型与 IEEE 802

参考模型的对应关系如图 4-1 所示。

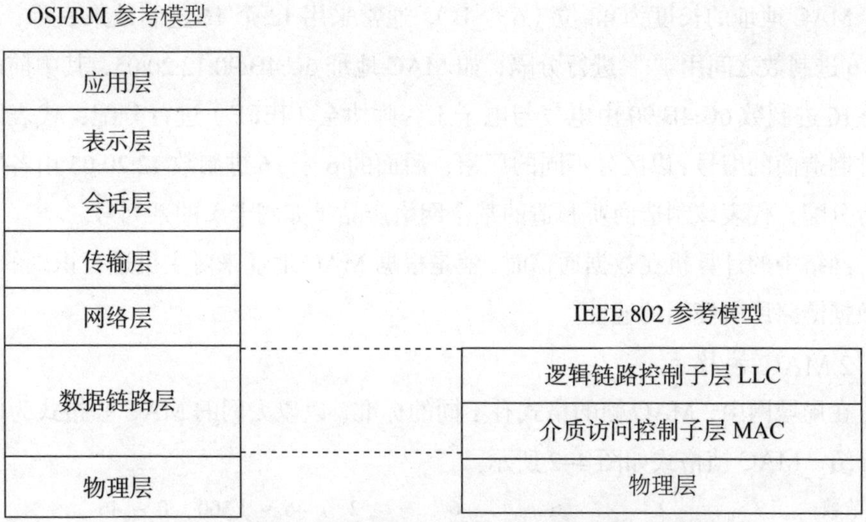

OSI/RM 参考模型

图 4-1 OSI/RM 参考模型与 IEEE 802 参考模型的对应关系

## （一）物理层

物理层是局域网体系结构的最底层，其主要作用是在物理介质上实现比特流的传输和接收，以及负责描述物理介质接口的机械特性、电气特性、功能特性和规程特性等。此外，物理层还具有错误校验功能，以确保信号能够正确发送和接收。

## （二）介质访问控制子层（MAC）

MAC 子层直接与物理层相接，它构成了数据链路层的下半部，是数据链路层的一个功能子层，主要集中了与接入介质有关的部分。MAC 子层主要的功能是解决信道的合理分配问题，并在此基础上制定了不同的介质访问控制标准，如带冲突检测的载波监听多路访问（CSMA/CD）、令牌环（Token-Ring）和令牌总线（Token-Bus）等。MAC 子层在传输数据时，可以解决无差错通信及数据链路的维护等问题，如将从上一层接收的数据封装成带有 MAC 地址和差错校验字段的数据帧，并对下层接收的数据帧进行解封，以实现地址识别和差错校验功能。

### 1.MAC 地址

MAC 地址，主要用于定义网络设备的位置，通常也称为硬件地址或者物理地址。MAC 地址具有全球唯一性，一般由网络设备制造商生产时固化在网卡的内部。一个网卡的 MAC 地址是唯一且固定的，但可以对应多个 IP 地址。若某台主机网卡发生了变化，则其 MAC 地址也会发生改变。

MAC 地址的长度为 48 位（6 个 B），通常采用 12 个 16 进制数来表示，每 2 个 16 进制数之间用 ":" 进行分隔，如 MAC 地址 6C:4B:90:12:20:05，其中前面的 6 个 16 进制数 6C:4B:90 由电气与电子工程师协会（IEEE）进行分配，代表网络硬件制造商的编号，以区分不同的厂家；后面的 6 个 16 进制数 12:20:05 由各厂家自行分配，代表该制造商所制造的某个网络产品（如网卡）的系列号。

网络中的计算机在数据通信时，就是根据 MAC 地址来对主机进行识别的，它是数据链路层所使用的地址。

2.MAC 帧格式

在局域网中，MAC 帧的格式有不同的标准，以以太网的 MAC 帧格式为例进行介绍，MAC 帧格式如图 4-2 所示。

| 字节数 | 7 | 1 | 6 | 6 | 2 | 46～1 500 | 0～46 | 4 |
|---|---|---|---|---|---|---|---|---|
| | 前半码 | 起始符 | 目的地址 | 源地址 | 长度 | 数据 | 填充 | 校验码 |

图 4-2 MAC 帧格式

在以太网的 MAC 帧中，通过前导码、起始符、长度字段的封装可以实现同步接收数据帧；通过对目的地址、源地址字段的封装可以实现寻址；通过校验码字段的封装，可以对接收到的数据帧进行校验。

在数据帧传输时，MAC 层将接收来自上层 LLC 子层的数据帧，并将 LLC 帧作为 MAC 帧的数据段，加上源主机的 MAC 地址以及目的主机的 MAC 地址对其进行封装，封装好的 MAC 帧里面包括帧起始同步信息（MAC 头）、帧校验系列 FCS 和帧结束同步信息（MAC 尾），然后将封装好的 MAC 帧交给物理层进行比特流的传输。

通过物理层传输的比特流信息到达接收方以后，接收方的物理层将对其完成同步，并交给 MAC 层处理；MAC 层通过前导码、起始符、长度等同步信息，完成 MAC 帧的同步接收和校验等处理；如果接收到的数据帧正确，则去除帧头、帧尾将其恢复成 LLC 帧交给 LLC 层；如果接收帧为出错帧，则向上层 LLC 层报告，然后按照规范进行处理。这样能够实现数据在数据链路间的透明传输。

## （三）逻辑链路控制子层（LLC）

逻辑链路控制子层构成了数据链路层的上半部，它也是数据链路层的一个功能子层，该层主要集中了与介质接入无关的部分。主要功能是建立、释放逻辑链接，并为高层提供一个或多个服务访问点（SAP）的逻辑接口；同时为了确保数据的无差错传输，还具有对数据帧的发送、接收、流量控制和差错控制等功能。

### 1. SAP 的功能

在局域网中，如果不考虑网络之间的互联问题，可以将其只划分为数据链路层和物理层两层，向上就是高层，即应用系统。局域网中数据处理的问题由高层来完成，数据通信的问题则由数据链路层和物理层来完成。

逻辑链路控制子层（LLC）处于介质访问控制子层（MAC）和高层之间，它主要通过本层的实体来完成本层的功能，向下使用介质访问控制子层提供的服务，向上通过 IEEE 802.2 规范向高层提供服务。逻辑链路控制子层通过服务访问点（SAP）与主机的应用进程建立联系。

例如，两台主机 A、B 之间要发送一个报文，这时主机 A 就会利用逻辑链路控制子层（LLC）的一个服务访问点向主机 B 的一个服务访问点发出连接请求。该请求中包含了源主机 A 的 MAC 地址，以及目的主机 B 的 MAC 地址，以及进程在主机中访问控制点的地址。局域网通过 MAC 地址找到目的主机，并通过进程在主机中访问控制点的地址找到目的主机的应用进程，以此来实现双方之间的进程通信。

此外，还可以在一台主机上设置多个链路服务接入点（LSAP）。由于一台主机可以同时运行多个应用任务，如在发送电子邮件的同时浏览 Web 页面，这时虽然每个进程所使用的 MAC 地址一样，但其所对应的 LSAP 地址却不同。逻辑链路控制子层（LLC）与高层应用之间的寻址主要通过 LSAP 来实现，并可通过 LSAP 与主机的多个应用进程之间建立联系，以此来实现主机中不同进程的通信。

### 2. LLC 层提供的服务

在局域网的体系结构中，LLC 子层提供的服务主要分为三个类型，以此可以让用户根据传输的业务情况来选择合适的传输服务，其具体包括：①LLC 子层与 MAC 层的界面。LLC 子层向下使用 MAC 子层所提供的服务。②LLC 子层与高层的界面。LLC 子层向上为高层提供面向连接的服务和面向无连接的服务。③LLC 子层本身的功能。

### 3. LLC 层帧格式

逻辑链路控制子层（LLC）采用 IEEE 802.2 的标准，IEEE 802.2 标准与高级数据链路控制（HDLC）协议兼容，但使用的帧格式却有所不同，IEEE 802.2 标准中所采用的 LLC 层的帧格式如图 4-3 所示。

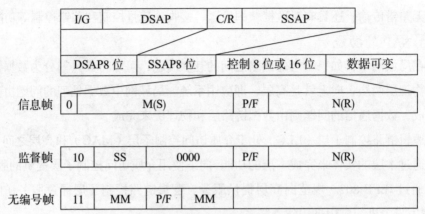

图 4-3　IEEE 802.2 标准中所采用的 LLC 层的帧格式

LLC 层帧中的地址段主要包括两个部分：目的服务访问点（DSAP）与源地址（SSAP）。

DSAP：DSAP 的地址段为 8 位（1 个 B），其中 7 位为 DSAP 的实际值，另 1 位用 I/G 位表示，用于地址类型标识。当 I/G 位为 1 时，一般用于无确认无连接的服务，表示数据发往某一个特定站的一组 SAP；当 I/G 位为 0 时，表示单个 DSAP。此外，如果 DSAP 全为 1，则该数据是一个广播地址，表示所有的 DSAP。

SSAP：SSAP 的地址段也是 8 位（1 个 B），其中 7 位为 DSAP 的实际值，另 1 位用 C/R 位表示，用于命令 / 响应标志位。当 C/R 位为 1 时，表示为响应帧；当 C/R 位为 0 时，表示为命令帧。当传输数据的双方之间存在主从站关系时，从站不能主动发起数据传输，只有当主站给它发送命令（C/R=0）以后，从站才可以向主站发送数据。

LLC 层帧中的地址段中还有控制字段。一般为 8 位（1 个 B）或 16 位（2 个 B），主要有三种帧，即信息帧、监督帧和无编号帧。①信息帧主要用于信息的传输，首位用 0 标识。其中 N（S）表示发送站发送帧的序号，N（R）具有应答的功能，表示已经正确接收了 N（R）帧。监督帧主要用于链路的流量控制和差错控制，首部用 10 进行标识。②监督帧有 4 种形式，分别用 SS=00、SS=01、SS=10、SS=11 来标识无编号帧主要用于链路管理，首部用 11 进行标识；使用控制字段的第 3 位、第 4 位、第 6 位、第 7 位、第 8 位，组成 32 种不同的编码，以实现不同的链路管理功能。③当 LLC 帧为无编号帧时，控制字段占 8 位；当 LLC 帧为信息帧或者监督帧时，控制字段占 16 位。其中，信息帧和监督帧的控制字段与 HDLC 的扩展字段的格式一样，无编号帧也与 HDLC 的一样。LLC 采用 HDLC 的异步平衡方式工作，其中主站负责链路管理，主站、从站都可以主动发起数据传输，控制帧字段主要用于传输控制。

P/F 是探寻、终止位，若主站发送的命令帧的 P/F 位为 1，则表示从站要立即发送响应帧，并且在发送的响应帧中将 P/F 设为 1，表示数据传输结束。

## 二、IEEE 802 参考模型

局域网出现以后，其相关产品的数量以及种类急剧增多，不同产品的设备之间在互联时就需要一个共同的标准。1980 年 2 月，美国电气与电子工程师协会（IEEE）成立了局域网标准化委员会，简称 IEEE 802 委员会，主要负责局域网协议标准的制定。IEEE 802 委员会制定的一系列标准，称为 IEEE 802 标准。

IEEE 802 标准推出以后，新的技术不断出现，局域网得到了快速的发展，目前 IEEE 802 主要标准如下。

1）IEEE 802.1 标准：该标准定义了局域网的体系结构、网络互连、网络寻址、网络管理以及性能测试等。

2）IEEE 802.2 标准：该标准定义了逻辑链路控制子层（LLC）的功能与服务协议，以确保数据在通信链路上能够可靠传输。

3）IEEE 802.3 标准：该标准定义了 CSMA/CD（带冲突检测的载波监听多路访问）的介质访问控制方法以及物理层的技术规范。

4）IEEE 802.4 标准：该标准定义了令牌总线网的介质访问控制方法以及物理层的相关规范。

5）IEEE 802.5 标准：该标准定义了令牌环网的介质访问控制方法和物理层的相关规范。

6）IEEE 802.6 标准：该标准定义了城域网的访问控制方法和物理层的相关规范。

7）IEEE 802.7 标准：该标准定义了宽带局域网的技术标准。

8）IEEE 802.8 标准：该标准定义了光纤网络的传输规范。

9）IEEE 802.9 标准：该标准定义了综合语音、数据等综合业务的局域网接口。

10）IEEE 802.10 标准：该标准定义了可互操作的局域网的安全标准，包括网络的访问控制、加密、验证等安全标准。

11）IEEE 802.11 标准：该标准定义了无线局域网的介质访问控制方法及相关标准，主要包括 5 个标准，即 IEEE 802.11a、IEEE 802.11b、IEEE 802.11g、IEEE 802.11n、IEEE 802.11ae。

12）IEEE 802.12 标准：该标准定义优先级局域网协议（100VG-Any LAN）是一个需求优先的介质访问控制协议。

13）IEEE 802.14 标准：该标准定义了有线调制解调器的介质访问控制方法及物理层的技术标准。

14）IEEE 802.15 标准：该标准定义了个人无线网络的标准规范，包括使用蓝牙的所有技术参数。

15）IEEE 802.16 标准：该标准定义了宽带无线局域网的标准规范。

16）IEEE 802.17 标准：该标准定义了弹性分组环网的访问控制协议及相关标准。

17）IEEE 802.20 标准：该标准定义了移动宽带无线接入的标准，主要用于为车载终端在高速运动（250 km/h）的情况下提供 1~4 Mbps 的数据速率，能够达到 24 km 的覆盖距离。

18）IEEE 802.21 标准：该标准定义了异种局域网的切换技术，各种无线网络之间允许用不同的切换机制实现切换。

19）IEEE 802.22 标准：该标准定义了无线区域网的技术规范，利用感知无线广域接入网络技术，在不干扰授权用户的情况下，能够灵活、自适应地进行频谱的合理配置。

# 第三节　局域网的介质访问控制方法

## 一、CSMA/CD 介质访问控制

1983 年，IEEE 802 委员会正式推出 IEEE 802.3 标准，规定了 CSMA/CD 的介质访问控制方法和物理层的技术规范，以太网是该标准的典型网络。

### （一）CSMA/CD 的工作过程

CSMA/CD 介质访问控制方法，是带冲突检测的载波监听多路访问方法，主要采取争用的方式来决定介质的访问权，一般用于总线型拓扑结构的网络。在总线型拓扑结构的网络中，所有的计算机连接到一条物理信道上，该物理信道承担着所有设备之间的数据传输工作。网络中各节点之间以广播的形式传输数据帧（数据帧包括目的地址和源地址），该数据帧能被所有连接到物理信道上的节点接收到。目的节点通过对数据帧中的目的地址进行检测来确定是否为本节点的数据帧，接收并阅读其中的数据。若信道上同时有多个节点发送数据帧，则会造成冲突，使得数据发送不成功。

为了确保能够成功发送数据帧，以实现数据在共享传输介质上的有序发送，以太网采取了 CSMA/CD 的介质访问控制方法，其工作的主要过程有：①多点接入。在网络中多台计算机以多点接入的方式共享一根传输介质，网络中的任意一个节点都可以发送数据。②载波侦听。网络中每一个节点在利用总线发送数据之前，都要先检测一下是否有其他节点在发送数据。如果总线上没有数据传输，则总线处于空闲状态，就可以进行数据的传输。如果总线上已经有数据在传输（即为总线忙），则不能发送数据，以免发生冲突，需要发送数据的节点继续侦听或退避一段时间后再去侦听信道的数据传输情况。③冲突检测。在网络中，如果有两个或两个以上的站点同时使用共享介质进行数据传输，就会导致冲突，数据发送失败。因此，在发送数据之前，还需要检测总线上是否存在冲突信号，以太网通过检测信号电平来进行冲突检测。

网络中的数据帧采取的编码方式是曼彻斯特编码，因此在其正常传输时，传输总线上的信号波形会保持在一定范围内。当总线上有多个节点同时传输数据帧时，总线上的信号电平会发生明显的变化，说明冲突已经产生。如果在数据传输的过程中检测到冲突，则应立即停止数据帧的发送，并向网络中发送一个特殊的强化冲突信号，确保总线上所有节点都知道线路上发生了冲突，然后再按照二进制指数退避算法随机延迟一段时间，重新对信道进行检测。

在发送冲突信号时，要确保网络中的所有节点都能收到，使每个节点都能知道发生了冲突。冲突检测时间是指从数据开始发送到冲突信号传输给网络中每个节点所花的时间，在以太网中，最大冲突检测时间为信号在总线上从网络一端传输到另一端时间的 2 倍。

总线上的节点在检测到冲突后，需停止数据的发送，然后等待一个随机时间才能尝试重新发送，以避免再次发生冲突。通常，把发送数据时等待一段时间的处理方法称作退避处理，其中退避时间的计算方法称作退避算法。

在数据传输过程中，如果经过多次的载波监听与冲突检测，都不能实现数据的成功发送，则可以暂时停止数据的发送。

采用载波监听技术，能减少冲突发生的概率，更好地利用传输介质；而采用冲突检测技术，则能使总线上的每一个节点都能检测到冲突的发生，并能发送冲突信号给网络中的每一个节点。

根据 CSMA/CD 介质访问控制的工作过程，可将其特点简单概括为：先听后发，边听边发；一旦冲突，立即停发；随机延迟重发。

### （二）二进制指数退避算法

二进制指数退避算法采用 CSMA/CD 的介质访问控制方法传输数据时，如果检测到冲突，则需要向总线上的所有节点发送一个强化冲突信号，为了避免再次发生冲突，所有的节点需要延迟一段时间再进行重发。以太网采用二进制指数退避算法来决定这个延迟时间，其具体过程为：设置基本的时间片为 T=2a，若某个节点在发送数据帧的过程中发生了第一次冲突，退避时间为 T；若数据帧重复发生了冲突，则退避时间 T 加倍。即每次按照二进制指数增加发生冲突的退避时间，直到不产生冲突为止。如果发送多次以后仍然存在冲突，则丢弃该数据帧，数据传输失败，并进行报错。

CSMA/CD 的介质访问控制方法的优点是：在传输数据时，网络中的各个站点都有平等的机会去竞争共享介质的使用权，算法实现简单，网站维护方便；在网络负载较小时，站点可以较快获得对传输介质的访问权，执行发送操作，效率较高。但 CSMA/CD 介质访问控制方法的缺点是：在网络负载较重时，容易出现冲突，使传输效率和有效带宽大为降低；此外，不确定的延迟时间和等待时间可能会在过程控制应用中产生严重的问题。

## 二、令牌环介质访问控制

令牌环网（简称令牌环）介质访问控制方法最初由 IBM 公司推出，后来被 IEEE 确定为国际标准，即 IEEE 802.5 标准，一般用于环形拓扑结构的网络。

## （一）令牌环的结构

在环型网络拓扑结构中，传输线路构成一个闭合的环，所有工作站通过环与网络进行连接，通过环路的共享实现数据的传输。在数据传输中，任一站点发送的数据帧能被所有站点收到，而且某一时刻只能有一个站点发送数据帧，因此不会产生冲突，但存在发送权的竞争问题。为了解决这种竞争问题，可采取循环的方式使各个站点轮流得到发送数据的机会，令牌环采取了一种称为令牌的数据帧来实现介质访问控制。

在环型网络中，使令牌沿着环路循环，规定只有获得令牌的站点才有权发送数据帧。当令牌沿着环路循环到某站时，某站将获得数据的发送权，如果需要发送数据，则进行数据的传输；如果不需要发送数据，则令牌继续循环到下一站。当某个站点获得发送权并进行数据的发送时，将一直占用传输介质，在完成数据的发送后，应立即释放令牌以便其他站点使用。

## （二）令牌环介质访问控制方法

当网络处于空闲状态时，令牌为空令牌，即 T=0；当网络中有数据发送时，令牌为忙令牌，即 T=1。

当网络中没有要发送的数据时，空令牌会不断地沿着环形网络循环传递，从一个站点轮流循环到下一个站点。

当一个站点需要进行数据传输时，它必须等待空令牌的到来，一旦空令牌到达，则该站点将截获空令牌，同时加上相应的控制信息和数据信息，从而形成一个数据帧，并将令牌的标志位置标记成 T=1，表明当前令牌为忙令牌，传输介质已经被占用，其他站点不可发送数据。

发送站形成的数据帧发出以后，环路中的每个站点将对数据帧边发送，边检查其中的目的地址，核对是否为本站的地址。若是本站的地址，便读取其中的数据，若不是本站的地址，则继续向下一个站点转发。该数据帧轮流经过各个站点，依次传递，直到到达目的站点时，目的站点接收该数据帧。

目的站点在接收到数据帧以后，会将应答信息捎带在该数据帧的尾部，然后继续将数据帧向前转发，直到该数据帧到达发送站。发送站在接收到数据帧时，会根据其返回的应答信息确认该数据帧已经正确接收，本次数据传输成功。此时，将由发送站重新将令牌的标志位置标记成 T=0，放出一个空令牌传至下一个站点，使得其他站点获得发送权。此时全部的发送过程结束。

数据帧传输结束以后，再次放出的空令牌将继续在网络中不停地循环传递，当再次出现需要发送数据的站点时，可以通过截获空令牌以获取发送权，即可以继续进行数据的发送。

拓扑结构是环型网络，在令牌环的介质访问控制方法中，空令牌将顺着每个站点依次传递，各个站点获得空令牌的机会是均等的，因此它们访问介质的机会也是均等的。此外，若环上有多个站点需要发送数据，则传输效率较高；而当环上仅有个别的站点需要进行数据的传输时，由于必须等待发送权的到来，才能发送数据，故循环传递的开销较大，使得效率不高。同时，环形网络的两个节点在数据通信时，网上的每个节点都要为其进行数据转发，同样使得转发数据的时间开销较大。

## 三、令牌总线介质访问控制

令牌总线网（简称令牌总线）介质访问控制方法，其标准是 IEEE 802.4，是由 IEEE 802 委员会定义的一种令牌总线访问方法及物理层的技术规范。

令牌总线的介质访问控制方法，是在综合了 CSMA/CD 介质访问控制方法和令牌环介质访问控制方法优点的基础上形成的。从物理结构上来看，令牌总线网是一种总线结构的网络，其共享介质是总线。从逻辑结构上来看，令牌总线网是一种环型结构的网络，各个站点连接在环上形成一个逻辑环，每个站点都按工作站地址的递减（或递增）的顺序进行排列。

令牌总线与令牌环的介质访问控制方法相同，网络中的各个站点只有取得令牌以后才能进行数据帧的传输，令牌在逻辑环上依次传递，当数据传输成功以后，则可以将令牌向下传递。由于逻辑环上只有一个令牌，任一时刻只能有一个站点访问总线，因此不存在冲突的问题。

从逻辑结构来看，令牌是按照地址的递减顺序向下传输的；但从物理性质上来看，带有目的地址的令牌是以广播的形式将其传输到各个站点的，目的站点检查目的地址，若符合要求，则接收令牌帧。

令牌总线的网络操作相对简单，但是由于网络必须有初始化的功能，即要生成一个能够顺序访问的次序；当网络中的令牌丢失时，就需要具备故障恢复的功能和站点的增加和拆卸功能。以上这些功能在实现时，将大大增加令牌总线介质访问控制的复杂性。

# 第四节　以太网组网技术

以太网（Ethernet）指的是由 Xerox 公司创建并由 Xerox、Intel 和 DEC 公司联合开发的基带局域网规范，是现有局域网采用的最通用的通信协议标准。以太网络使用 CSMA/CD（带冲突检测的载波监听多路访问）技术，并以 10 Mbps 的速率运行在多种类型的电缆上。以太网与 IEEE 802.3 系列标准相类似，包括标准以太网（10 Mbps）、快速以太网（100 Mbps）和高速以太网（10 Gbps）。它们都符合 IEEE 802.3 系列标准。

## 一、标准以太网技术

最初的以太网只有 10 Mbps 的吞吐量，使用的是带冲突检测的载波监听多路访问（CSMA/CD）的访问控制方法。这种早期的 10 Mbps 以太网称之为标准以太网，以太网可以使用粗同轴电缆、细同轴电缆、非屏蔽双绞线、屏蔽双绞线和光纤等多种传输介质进行连接。并且在 IEEE 802.3 标准中，为不同的传输介质制定了不同的物理层标准，在这些标准中前面的数字表示传输速度，单位是"Mbps"，最后的一个数字表示单段网线长度（基准单位是 100 m），Base 表示"基带"的意思，Broad 代表"宽带"。

10Base-5 使用直径为 0.4 英寸，阻抗为 50 Ω 的粗同轴电缆，也称粗缆以太网，最大网段长度为 500 m。基带传输方法，拓扑结构为总线型。10Base-5 组网主要硬件设备有：粗同轴电缆、带有 AUI 插口的以太网卡、中继器、收发器、收发器电缆和终结器等。

10Base-2 使用直径为 0.2 英寸，阻抗为 50 Ω 的细同轴电缆，也称细缆以太网，最大网段长度为 185 m。基带传输方法，拓扑结构为总线型。10Base-2 组网主要硬件设备有：细同轴电缆、带有 BNC 插口的以太网卡、中继器、T 型连接器和终结器等

10Base-T 使用双绞线电缆，最大网段长度为 100 m。拓扑结构为星型。10Base-T 组网主要硬件设备有：3 类或 5 类非屏蔽双绞线、带有 RJ-45 插口的以

太网卡、集线器、交换机和 RJ-45 接头等。

lBase-5 使用双绞线电缆，最大网段长度为 500 m，传输速度为 1 Mbps；

10Broad-36 使用同轴电缆（RG-59/UCATV），网络的最大跨度为 3 600 m，网段长度最大为 1 800 m，是一种宽带传输方式。

10Base-F 使用光纤传输介质，传输速率为 10 Mbps。

## 二、快速以太网技术

随着网络的发展，传统标准的以太网技术已难以满足日益增长的网络数据流量速度需求。在 1993 年 10 月以前，对于要求 10 Mbps 以上数据流量的 LAN 应用，只有光纤分布式数据接口（FDDI）可供选择，但它是一种价格非常昂贵的、基于 100 Mbps 光缆的 LAN。1993 年 10 月，Grand Junction 公司推出了世界上第一台快速以太网集线器 Fast Switch10/100 和网络接口卡 Fast NIC100，快速以太网技术正式得以应用。随后 Intel、Syn Optics、3COM 和 BayNctworks 等公司也相继推出自己的快速以太网装置。与此同时，IEEE 802 工程组也对 100 Mbps 以太网的各种标准，如 100BASE-TX、100BASE-T4、MⅡ、中继器和全双工等进行了研究。1995 年 3 月，IEEE 宣布了 IEEE 802.3u 100BASE-T 快速以太网标准，就这样开始了快速以太网的时代。

快速以太网与在 100 Mbps 带宽下工作的 FDDI 相比具有许多的优点，最主要体现在快速以太网技术可以有效地保障用户在布线基础设施上的投资，它支持 3、4、5 类双绞线以及光纤的连接，能有效地利用现有的设施。快速以太网的不足其实也是以太网技术的不足，那就是快速以太网仍是基于 CSMA/CD 技术，当网络负载较重时，会造成效率的降低，当然，这可以使用交换技术来弥补。100 Mbps 快速以太网标准又可分为 100BASE-TX、100BASE-FX、100BASE-T4 三个子类。

100BASE-TX：是一种使用 5 类数据级无屏蔽双绞线或屏蔽双绞线的快速以太网技术。它使用两对双绞线，一对用于发送，一对用于接收数据。在传输中使用 4B/5B 编码方式，信号频率为 125 MHz。符合 EIA586 的 5 类布线标准和 IBM 的 SPT1 类布线标准。使用同 10BASE-T 相同的 RJ-45 连接器。它的最大网段长度为 100 m，支持全双工的数据传输。

100BASE-FX：是一种使用光缆的快速以太网技术，可使用单模和多模光纤（62.5 μm 和 125 μm）。多模光纤连接的最大距离为 550 m，单模光纤连接的最大距离为 3 000 m。在传输中使用 4B/5B 编码方式，信号频率为 125 MHz。它使用 MIC/FDDI 连接器、ST 连接器或 SC 连接器。它的最大网段长度为 150 m, 412 m, 2 000 m 或更长至 10 km, 这与所使用的光纤类型和工作模式有关, 支持全双工的数据传输。100BASE-FX 特别适合于有电气干扰的环境、较大距离连接或高保密环境等。

100BASE-T4：是一种可使用 3、4、5 类无屏蔽双绞线或屏蔽双绞线的快速以太网技术。100BASE-T4 使用四对双绞线, 其中的三对用于在 33 MHz 的频率上传输数据, 每一对均工作于半双工模式。第四对用于 CSMA/CD 冲突检测。在传输中使用 8B/6T 编码方式, 信号频率为 25 MHz, 符合 EIA586 结构化布线标准。它使用与 10BASE-T 相同的 RJ-45 连接器, 最大网段长度为 100 m。

## 三、高速以太网技术

### （一）千兆以太网

作为最新的高速以太网技术, 千兆以太网技术给用户带来了提高核心网络的有效解决方案, 这种解决方案的最大优点是继承了传统以太技术价格便宜的优点。千兆技术仍然是以太技术, 它采用了与 10 M 以太网相同的帧格式、帧结构、网络协议、全 / 半双工工作方式、流控模式以及布线系统。由于该技术不改变传统以太网的桌面应用和操作系统, 因此可与 10 M 或 100 M 的以太网很好地配合工作。升级到千兆以太网不必改变网络应用程序、网管部件和网络操作系统, 能够最大程度地保护投资。此外, IEEE 标准将支持最大距离为 550 m 的多模光纤, 最大距离为 70 km 的单模光纤和最大距离为 100 m 的同轴电缆。千兆以太网填补了 IEEE 802.3 以太网 / 快速以太网标准的不足。

为了能够侦测到 64Bytes 资料框的碰撞, 千兆以太网所支持的距离更短。

千兆以太网支持的网络类型：① 1000Base-CXCopperSTP, 传输距离 25 m；② 1000Base-TCopperCat5UTP, 传输距离 100 m；③ 1000Basc-SXMulti-modeFiber, 传输距离 500 m；④ l000Base-LXSingle-modeFiber, 传输距离 3 000 m。

千兆以太网技术有两个标准：IEEE 802.3z 和 IEEE 802.3ab。IEEE 802.3z 制定了光纤和短程铜线连接方案的标准。IEEE 802.3ab 制定了五类双绞线上较长距离连接方案的标准。

IEEE 802.3z 工作组负责制定光纤（单模或多模）和同轴电缆的全双工链路标

准。IEEE 802.3z 定义了基于光纤和短距离铜缆的 1000Base-X，采用 8B/10B 编码技术，信道传输速度为 1.25 Gbps，去耦后实现 1 000 Mbps 传输速度。IEEE 802.3z 具有下列千兆以太网标准：① 1000Base-SX 只支持多模光纤，可以采用直径为 62.5 μm 或 50 μm 的多模光纤，工作波长为 770 ~ 860 nm，传输距离为 220 ~ 550 m。② 1000Base-LX 单模光纤：可以支持直径为 9 μm 或 10 μm 的单模光纤，工作波长范围为 1 270~1 355 nm，传输距离为 5 km 左右。③ 1000Base-CX 采用 150 Ω 屏蔽双绞线（STP），传输距离为 25 m。

IEEE 802.3ab 工作组负责制定基于 UTP 的半双工链路的千兆以太网标准，产生 IEEE 802.3ab 标准及协议。IEEE 802.3ab 定义基于 5 类 UTP 的 1000Basc-T 标准，其目的是在 5 类 UTP 上以 1 000 Mbps 速率传输 100 m。IEEE 802.3ab 标准的意义主要有两点：①保护用户在 5 类 UTP 布线系统上的投资。② 1000Base-T 是 100Base-T 自然扩展，与 10Base-T、100Base-T 完全兼容。不过，在 5 类 UTP 上达到 1 000 Mbps 的传输速率需要解决 5 类 UTP 的串扰和衰减问题。

由此可见，IEEE 802.3ab 工作组的开发任务要比 IEEE 802.3z 复杂些。

## （二）万兆以太网

万兆以太网的规范包含在 IEEE 802.3 标准的补充标准 IEEE 802.3ae 中，它扩展了 IEEE.802.3 协议和 MAC 规范，使其支持 10 Gbps 的传输速率。除此之外，通过 WAN 界面子层，10 千兆位以太网也能被调整为较低的传输速率，如 9.584640 Gbps（OC-192），这就允许 10 千兆位以太网设备与同步光纤网络（SONET）STS-192c 传输格式相兼容。

10GBASE-SR 和 10GBASE-SW 主要支持短波（850 nm）多模光纤，光纤距离为 2 m ~ 300 m。10GBASE-SR 主要支持"暗光纤"，暗光纤是指没有光传播并且不与任何设备连接的光纤。10GBASE-SW 主要用于连接 SONET 设备，它应用于远程数据通信。

10GBASE-LR 和 10GBASE-LW 主要支持长波（1 310 nm）单模光纤，光纤距离为 2 m 到 10 km。10GBASE-LW 主要用来连接 SONET 设备，10GBASE-LR 则用来支持"暗光纤"。

10GBASE-ER 和 10GBASE-EW 主要支持超长波（1 550 nm）单模光纤，光纤距离为 2 m 到 40 km。10GBASE-EW 主要用来连接 SONET 设备，10GBASE-ER 则用来支持"暗光纤"。

10GBASE-LX4采用波分复用技术,在单对光缆上以四倍光波长发送信号。系统运行在1 310 nm的多模或单模暗光纤方式下。该系统的设计目标是针对2 m到300 m的多模光纤模式或2 m到10 km的单模光纤模式。

## 四、光纤分布式数据接口(FDDI)

光纤分布式数据接口(FDDI)是于20世纪80年代中期发展起来的一种局域网技术,它提供的高速数据通信能力要高于当时的以太网(10 Mbps)和令牌网(4 Mbps或16 Mbps)的能力。FDDI标准由ANSI X3T9.5标准委员会制订,为繁忙网络上的高容量输入输出提供了一种访问方法。FDDI技术同IBM的Tokenring技术相似,并具有LAN和Tokenring所缺乏的管理、控制和可靠性措施,FDDI支持长达2km的多模光纤。FDDI网络的主要缺点是与快速以太网相比价格更贵,且因为它只支持光缆和5类电缆,所以使用环境受到限制,而以太网升级更是面临大量移植问题。

FDDI是目前成熟的LAN技术中传输速率最高的一种。该网络具有定时令牌协议的特性,支持多种拓扑结构,传输媒体为光纤。光纤作为传输媒体具有多种优点:①较长的传输距离,相邻站间的最大长度可达2 km,最大站间距离为200 km;②具有较大的带宽,FDDI的设计带宽为100 Mbps;③具有对电磁和射频干扰抑制能力,在传输过程中不受电磁和射频噪声的影响,也不影响其他设备;④光纤可防止传输过程中被分接偷听,也杜绝了辐射波的窃听,因而是最安全的传输媒体。

由光纤构成的FDDI,其基本结构为逆向双环。一个环为主环,另一个环为备用环。一个顺时针传送信息,另一个逆时针。当主环上的设备失效或光缆发生故障时,通过从由主环向备用环的切换可继续维持FDDI的正常工作。这种故障容错能力是其他网络所没有的。

FDDI使用了比令牌环更复杂的方法访问网络。和令牌环一样,也需在环内传递一个令牌,而且允许令牌的持有者发送FDDI帧。和令牌环不同的是,FDDI网络可在环内传送几个帧。这可能是由于令牌持有者同时发出了多个帧,而非在等到第一个帧完成环内的一圈循环后再发出第二个帧。令牌接受传送数据帧的任务以后,FDDI令牌持有者可以立即释放令牌,把它传给环内的下一个站点,无须等待数据帧完成在环内的全部循环。这意味着,第一个站点发出的数据帧仍在环内循环时,下一个站点可以立即开始发送自己的数据。FDDI标准和令牌环介质访问控制标准 IEEE 802.5 十分接近。

# 第五节　局域网的连接

## 一、对等网的组建

对等网又称"工作组网",是通过"工作组"控制的网络。对等网不需要专门的服务器做网络支持,也不需要其他的网络组建,因而结构简单,价格便宜。在对等网络中,各台计算机都是相同的功能,无主从之分,网上任意节点计算机都可以作为网络服务器,为其他计算机提供资源。

对等网的用户数目很少,且都处于同一个区域中,因此网络成本较低,网络配置和维护简单,涉及的网络安全问题也较少,但对等网络性能较低、数据保密性差、文件管理分散。

### (一)双绞线

双绞线(TP)是一种综合布线工程中最常用的传输介质,由两根具有绝缘保护层的铜导线组成。把两根绝缘的铜导线按一定密度互相绞在一起,每一根导线在传输中辐射出来的电波会被另一根导线上发出的电波抵消,有效降低信号干扰的程度。双绞线一般由两根 22～26 号绝缘铜导线相互缠绕而成,其名字也是由此而来。实际使用时,双绞线通常由多对双绞线一起包在一个绝缘电缆套管里。

如果把一对或多对双绞线放在一个绝缘套管中,就成了双绞线电缆,但日常生活中一般也将"双绞线电缆"直接称为"双绞线"。

与其他传输介质相比,双绞线在传输距离、信道宽度和数据传输速度等方面均受到一定限制,但因其价格较为低廉,因此依然得到较为广泛的使用。

### (二)双绞线的分类

1. 根据有无屏蔽层分类

根据有无屏蔽层,双绞线可分为屏蔽双绞线(STP)与非屏蔽双绞线(UTP)。

屏蔽双绞线(STP)在双绞线与外层绝缘封套之间有一个金属屏蔽层,目前使用的金属材料通常为铝箔。这种设计不仅赋予了线缆更好的信号保护,还增强了其抵抗外部电磁干扰的能力。屏蔽双绞线要求整个系统都必须是屏蔽器件，包括电缆、信息点、水晶头和配线架等。此外，为了确保最佳的屏蔽效果，建筑物还需要具备良好的接地系统。屏蔽层的存在可以减少辐射，防止信息被窃听。它也能阻止外部电磁干扰的进入，使得屏蔽双绞线在抵抗干扰方面比同类的非屏蔽双绞线具有更高的性能。因此屏蔽双绞线在需要高保密性和高稳定性的网络连接中具有广泛的应用。同时，由于其具有高传输速率，屏蔽双绞线在高速网络传输中也有着优良的表现。这主要归功于它的金属屏蔽层设计，可以有效地保护内部信号不受干扰，确保数据的稳定传输。

非屏蔽双绞线（UTP）是一种数据传输线，由四对不同颜色的传输线所组成，广泛用于以太网路和电话线中。非屏蔽双绞线电缆具有以下优点：①无屏蔽外套，直径小，节省所占用的空间，成本低，重量轻，易弯曲，易安装；②将串扰减至最小或加以消除，具有阻燃性；③具有独立性和灵活性，适用于结构化综合布线。因此，在综合布线系统中，非屏蔽双绞线得到广泛应用。

2. 按照频率和信噪比进行分类

双绞线常见的有三类线、五类线、超五类线以及六类线，线径依次由细变粗。

一类线（CAT1）：线缆最高频率带宽是 750 kHz，用于报警系统，或只适用于语音传输（一类标准主要用于 20 世纪 80 年代初之前的电话线缆），不用于数据传输。

二类线（CAT2）：线缆最高频率带宽是 1 MHz，用于语音传输和最高传输速率 4 M 的数据传输，常见于使用 4 Mbps 规范令牌传递协议的旧的令牌网。

三类线（CAT3）：指在 ANSI 和 EIA/TIA568 标准中指定的电缆，该电缆的传输频率为 16 MHz，最高传输速率为 10 Mbps，主要应用于语音、10 Mbps 以太网（10BASE-T）和 4Mbps 令牌环，最大网段长度为 100 m，采用 RJ 形式的连接器，已淡出市场。

四类线（CAT4）：该类电缆的传输频率为 20 MHz，用于语音传输和最高传输速率 l6 Mbps（指的是 16 Mbps 令牌环）的数据传输，主要用于基于令牌的局域网和 10BASE-T/100BASE-T。最大网段长为 100 m，采用 RJ 形式的连接器，未被广泛采用。

五类线（CAT5）：该类电缆增加了绕线密度，外套一种高质量的绝缘材料，线缆最高频率带宽为 100 MHz，最高传输率为 100 Mbps，用于语音传输和最高传输速率为 100 Mbps 的数据传输，主要用于 100BASE-T 和 1000BASE-T 网络，最大网段长为 100 m，采用 RJ 形式的连接器。这是最常用的以太网电缆。在双绞线电缆内，不同线对具有不同的绞距长度。通常 4 对双绞线绞距周期在 38.1 mm 长度内，按逆时针方向扭绞，一对线对的扭绞长度在 12.7 mm 以内。

超五类线（CAT5e）：超五类线衰减小、串扰少，并且具有更高的衰减与串扰的比值（ACR）和信噪比（SNR）以及更小的时延误差，性能相较于前几类电缆有较大提高。超五类线主要用于千兆位以太网（1 000 Mbps）。

六类线（CAT6）：该类电缆的传输频率为 1~250 MHz，六类布线系统在 200 MHz 时综合衰减串扰比（PS-ACR）应该有较大的余量，它提供 2 倍于超五类的带宽。六类布线的传输性能远远高于超五类标准，最适用于传输速率高于 1 Gbps 的应用。六类与超五类的一个重要的不同点在于：改善了在串扰以及回波损耗方面的性能，对于新一代全双工的高速网络应用而言，优良的回波损耗性能是极重要的。六类标准中取消了基本链路模型，布线标准采用星型的拓扑结构，要求的布线距离为永久链路的长度不能超过 90 m，信道长度不能超过 100 m。

超六类线（CAT6A）：此类产品传输带宽介于六类和七类之间，传输频率为 500 MHz，传输速度为 10 Gbps，标准外径为 6 mm。

七类线（CAT7）：传输频率为 600 MHz，传输速度为 10 Gbps，单线标准外径为 8 mm，多芯线标准外径为 6 mm。目前，对于超六类线和七类线，国家尚未正式发布针对此类产品的检测标准，但在行业中，各厂家已经公布了其测试值。

类型数字越大，版本越新、技术越先进、带宽越宽，当然价格也越贵。这些不同类型的双绞线标注方法是这样规定的，如果是标准类型则按 CATx 方式标注，如常用的五类线和六类线，则在线的外皮上标注为 CAT5、CAT6。如果是改进版，就按 xe 方式标注，如超五类线就标注为 5e。

无论是哪一种线，衰减都随频率的升高而增大。在设计布线时，要考虑到受到衰减的信号还应当有足够大的振幅，以便在有噪声干扰的条件下能够在接收端正确地被检测出来。双绞线能够传送多高速率（Mbps）的数据还与数字信号的编码方法有很大的关系。

## （三）连接器件

双绞线的连接器件包括线缆配线架、信息插座和接插软线等，用于端接或者直接连接电缆，使电缆和连接器组成一个完整的信息传输通道。通常的连接器件有 RJ-45 接头和信息插座。

## （四）网线的类型

将 RJ-45 接头有塑料弹簧片的一面朝下，有金属针脚的一面向上，并且将有金属针脚的一端指向远离自己的方向，有方孔的一端对着自己，此时，从左向右的引脚顺序号是 1 ~ 8。

### 1. 直通线

双绞线两端均按照统一标准如 T568-B 进行制作，两端线序颜色顺序一致。一般情况下，连接两种不同类型的设备时采用直通线。如交换机与计算机的连接即采用直通线。

### 2. 交叉线

交叉线接法又称 1326 接法，即 1、3 和 2、6 在两端需要交换顺序。例如一端如果按照 T568-B 进行制作，另一端则必须按照 T568-A 进行制作。双绞线两端的 1、3 和 2、6 线序颜色需要相互交换，不一致。交叉线主要用于连接同种设备。如两台计算机之间的互连即采用交叉线接法。

## （五）双机互连的对等网

双机互连是通过网线和网卡将两台独立的计算机连接到一起，通过简单的系统配置，可达到资源共享和信息交换的目的。双机互连是家庭计算机最简捷的连接方式。需要的配件有两张网卡、两个 RJ-45 水晶头、一段非屏蔽 5 类或超 5 类双绞线。以 10/100 Mbps 自适应网卡为例，连接速率最高可达 100 Mbps，最远传输距离 100 m，完全能够满足家庭网络的需求。

如果是 3 台计算机组成对等网，可采用网线加双网卡方式。其中一台计算机安装 2 块网卡，此外两台计算机各安装 1 块网卡，然后用双绞线连接在一起，再进行相关的系统配置即可。

### 1. 安装网卡

将网卡插入计算机主板适当的插槽中，并用螺丝固定。一根双绞线的两个 RJ-45 水晶头分别插入两台计算机的网卡接口，将两台计算机直接连接起来。打开电源后，启动操作系统，系统识别网卡并自动安装驱动程序，如果无法识别，需要通过购买时携带的光盘安装驱动程序，也可以使用带网卡驱动的驱动人生、驱动大师等软件尝试安装驱动。

2. 配置网络通信协议与 IP 地址

添加 TCP/IP，对协议的属性进行配置。TCP/IP 的属性包括 IP 地址、网关和 DNS 配置等。协议是捆绑在网卡上的，若系统中有多个网卡，配置时应该分别进行，配置过程相同。

3. 配置网络标识

用鼠标右键单击"我的电脑"图标，在弹出的快捷菜单中选择"属性"选项，弹出"系统属性"对话框，在"计算机名"选项卡中配置计算机名（网络中唯一的计算机名）以及工作组名。

除用交叉双绞线直接连接两台计算机外，还可以采用 USB 线缆连接、串行口或并行口电缆连接、无线连接等多种方式。采用 USB 线缆连接方案，实质上是利用一个两端都是 USB 接口的 Host–Host 桥模拟以太网，实现联机功能。采用串行口或并行口电缆连接的方案不需要网卡，软件设置也很简单，只需要对线缆进行相应改造即可，两机之间的通信距离可达 10 m。采用无线连接的两台计算机，必须安装无线局域网卡，并进行相应的设置。

## （六）集线器连接的对等网

多台计算机组成的对等网，可以使用集线器组成星型对等网络，各计算机直接与集线器相连接。这种网络拓扑结构中，每个计算机都直接连接到集线器上，形成一个星型的网络拓扑结构。这种结构具有安装简单、易于扩展、资源共享、成本低廉等优点。然而，集线器连接的对等网也存在一些缺点。例如，由于所有计算机都直接连接到集线器上，如果集线器出现故障，整个网络将无法正常工作。此外，由于所有计算机共享相同的带宽，在网络繁忙时，可能会出现网络拥堵的情况。

## 二、局域网连接测试

配置好局域网之后，可以利用 Windows 操作系统内设置的网络工具进行测试，也可以利用测试命令 Ping 或测试工具 ipconfig 进行测试。Ping 是一个 TCP/IP 测试工具，只能运行在 TCP/IP 网络中。

## （一）测试网卡是否正常工作

单击"开始"→"程序"→"MS–DOS 方式"窗口。

Ping 本机 IP 地址，以检验本机的 TCP/IP 是否工作。在"MS-DOS 方式"窗口中输入"Ping127.0.0.1"，按回车键。

如果正常，显示 Reply from 127.0.0.1：bytes=32time<1msTTL=64。

## （二）测试网关能否正常连接

Ping 本机 IP 地址，以检验本机的 TCP/IP 是否工作。在"MS-DOS 方式"窗口中输入"Ping192.168.1.1"，按回车键。

如果正常，显示 Reply from 192.168.1.1：bytes=32time<1msTTL=64。

## （三）测试能否与 DNS 正常连接

Ping 本机 IP 地址，以检验本机的 TCP/IP 是否工作。在"MS-DOS 方式"窗口中输入"Ping202.100.96.68"，按回车键。

如果正常，显示 Reply from 202.100.96.68：bytes=32time=67msTTL=50。

## （四）验证 DNS 能否正常解析 IP 地址

Ping 本机 IP 地址，以检验本机的 TCP/IP 是否工作。在"MS-DOS 方式"窗口中输入"Pingwww.baidu.com"，按回车键。

如果正常，显示正在 Pingwww.a.shifen.com[111.13.100.92] 具有 32B 的数据：来自 111.13.100.92 的回复：B=32 时间 =59msTTL=50

## （五）使用 ipconfig 测试工具

ipconfig 可以查看和修改网络中 TCP/IP 的有关配置，如 IP 地址、子网掩码、网关等。ipconfig 是一个很有用的工具，特别是当前网络设置为动态 IP 地址时，ipconfig 可以很容易地了解 IP 地址的实际配置情况。如果使用 ipconfig 不带任何参数，可以为每个已经配置的接口显示 IP 地址、子网掩码、默认网关。还可以使用 ipconfig/all 命令查看当前网卡的 MAC 地址。

# 第六节　组建家庭局域网

## 一、需求分析

假设你是某家网络公司的工作人员，现公司接到一个"家庭网络组建"的业务，需要你对该用户的网络组建的需求进行调查、分析、画出网络拓扑图、并制定详细的网络实施方案。

问卷调查可以根据下面内容进行设计。

### （一）地理布局调查

房屋在什么位置，哪个小区，几楼？

请问房子的室内格局是什么样的？准备重新装修吗？

请问小区现在的网络情况如何？

### （二）网络基本需求调查

如果不打算重新装修了，请问你准备用无线还是布明线？

请问您家有几口人？家里现在有几台电脑和哪些网络相关设备？

网络在家里哪些地方需要留接入端？需不需要无线局域网？

请问整个网络在组建过程中还有没有其他要求，例如网络设备的价格等？

### （三）网络应用调查

家庭网络在使用过程中主要有哪些应用？

是否使用打印机和文件共享功能？

### （四）网络安全调查

请问你对网络后期使用过程有哪些安全方面的考虑？

## 二、选购家用型网络设备

### （一）路由器

在组建家庭网络时，网络设备是网络组建的关键。家庭网络一般需要选购一个 ADSL 无线路由器，实现家庭网络环境下的 Internet 访问和计算机之间的数据共享。

采用路由共享方式是目前应用最广，也最为方便、实用的一种方案。但是多数用户对宽带路由器的选购认识比较简单，主要是因为路由型共享方案中，还可根据不同的用户具体需求采用不同的配置方案。这个配置不仅体现在网络路由器的配置上，更体现在路由器的选购上，因为不同的宽带路由器所具有的功能不完全一样。下面首先介绍家庭宽带路由器的选购原则。在选购家庭宽带路由器时主要应注意以下几方面的选购原则。

1. 确定路由器的类型

选购家庭宽带路由器时，首先要确定所选路由器是属于"网关型"还是"代理型"。它们之间的根本区别是：网关型不具备灵活权限配置功能，而代理型则具有灵活配置功能，这当然体现在路由器的配置功能上。不同的用户有不同的需求。在家庭应用中，通常为了限制孩子的上网时间和不正当网络应用，需要对孩子专用计算机的上网权限作适当限制，所以在选购路由器时就需要注意查看所选购的路由器是否具有这种功能。

2. 是否支持相应的宽带接入方式

这一点也相当重要，特别是对于采用虚拟拨号方式的 ADSL 用户。因为有些路由器只支持专线方式的路由，不内置虚拟拨号协议 PPPoE，当然也就不能为虚拟拨号用户提供拨号服务，路由功能也就无从实现了。有的还只支持某一种或几种宽带接入方式，如多数只支持 ADSL/CableModem 方式，而不支持小区宽带接入方式，用户要针对自己所用宽带接入方式来选择购买，当然绝大多数支持目前所有类型的宽带接入方式。

如果宽带接入方式是小区宽带方式，则更要注意，路由器的 WAN 端口最好选择能支持 100 Mbps 的，因为小区宽带较容易在短时间内升级到 100 Mbps。

3. 是否具有多个 LAN 端口

传统意义较早的路由器通常只提供少数 1、2 个 LAN 交换端口，而 WAN 端口通常有多个，因为它不能用来连接 LAN，而是用来连接不同的 WAN。而家庭宽带路由器应用重点不同，它所连接的 WAN 通常只有一个，而 LAN 则有几个用户连接需求，所以现在的宽带路由器通常还提供了 4 个左右的交换机端口，以供共享用户连接。这样在共享用户数较少的情况下，用户就不需要另外购买交换机或者集线器，为用户节省网络设备投资。所以我们在选择路由器时，作为家庭用户通常是少于4台计算机，所以一定要选择提供足够应用的交换LAN端口，供共享用户直接连接。当然，宽带路由器肯定是有一个以上的WAN端口的。

### 4. 注意LAN端口的带宽占有方式

除要注意是否能提供足够的LAN端口外，现在有些厂商提供的宽带路由器看外观与其他品牌的没什么区别，也都提供4个左右的LAN端口，但其中却是采用集线器的共享带宽方式，而非交换机的带宽独享方式。通常这些端口的带宽为共享的10 Mbps，而非10/100 Mbps。这对于网络通信速率影响较大，特别是对有高带宽互联网应用需求的用户，如视频点播、实时3D网络游戏等。因此在选购时要问清楚。

### 5. 是否支持NAT服务

NAT即"网络地址转换"，通过这一服务功能，路由器就能把所有LAN用户的IP地址转换成单一的因特网IP地址，从而对内部网络的IP起到屏蔽作用，保护LAN用户。目前绝大多数路由器都是支持NAT服务的，选购时只需查看其说明书或询问经销商即可。

### 6. 所支持的网管方式

为了用户配置方便，现在绝大多数宽带路由器都提供Web界面配置功能，用户通过普通的浏览器即可进行所见即所得的配置，方便易行。但是也有一些品牌的路由器却不提供这种网管方式，只提供命令行配置方式，这对于非专业的计算机用户而言，困难较大，选购时应询问清楚。

### 7. 其他辅助功能

现在的宽带路由器厂商，为了最大限度地吸引用户，通常在其路由器产品中除提供基本的路由和LAN端口交换外，还提供了诸如防火墙、打印服务器、动态主机配置协议（DHCP）、虚拟专用网络（VPN）等辅助功能，根据需要选择，当然在价格方面也有一些小小的区别。对于家庭用户而言，这些功能可能并不具备太大的实用价值。因此，在购买之前，务必仔细考虑自己的需求，避免花费不必要的资金。不过，现在许多宽带路由器都会提供上述一种或几种功能，很少仅提供路由和几个LAN端口功能，所以如果在价格相差不大的情况下，可有针对性地选择。因为这些宽带路由器在设计之初就不只是面对家庭用户，更多的是面对小型企业用户，对于企业用户上述功能就可能需要了。

在选购路由器时要注意的方面还有很多，如品牌、售后服务、CPU、内存容量和背板带宽等，这些都是路由器选购的常规注意事项。

## （二）网卡

网卡又称为网络适配器或网络接口卡 NIC，它是局域网中用来连接计算机和传输介质的接口，能实现计算机与局域网中各网络设备之间的物理连接。网卡的基本功能主要有三个方面：①数据转换；②数据缓存；③通信服务。

## （三）中继器

中继器工作于 OSI 模型中的物理层，是局域网上所有节点的中心，它的作用是放大信号，补偿信号衰减，支持远距离的通信。它是最简单的网络互联设备，能够连接同一个网络中的两个或多个网段。由于受传输线路噪声的影响，承载信息的数字信号或模拟信号只能传输有限的距离，中继器的功能是放大信号，补偿信号衰减，从而增加信号传输的距离，支持远距离的通信。中继器的主要优点是安装简便、使用方便、价格便宜。

## （四）集线器

集线器工作在 OSI 模型中的物理层，是一种将计算机连接起来用于构建计算机网络的网络设备，主要应用于使用星型拓扑结构的网络中，用来连接多台计算机或网络设备。集线器所起的作用相当于多端口的中继器，其区别仅在于集线器能够提供更多的端口服务，所以集线器又叫多口中继器。集线器的主要功能是对接收到的信号进行再生整形放大，以扩大网络的传输距离，同时把所有节点集中在以它为中心的节点上。集线器发送数据采用广播方式发送，因而网络通信效率低，不能满足较大型网络的通信需求。

集线器按照支持的带宽不同，还可划分为 10 Mbps、100 Mbps 和 10/100 Mbps 自适应集线器。在选择此类集线器时必须注意传输速度应与网卡相同，因为集线器与网卡之间的数据交换是对应的。

## （五）网桥

网桥工作于 OSI 模型的数据链路层，连接两个局域网。网桥负责将网络划分为独立的冲突域，达到能在同一个冲突域中维持广播及共享的目的。在网络互联中它起到数据接收、地址过滤与数据转发的作用，用来实现多个网络系统之间的数据交换。网桥这种设备看上去有点像中继器，它具有单个的输入端口和输出端口，但和中继器不同的是它能够解析收发的数据，通过过滤数据来判断是否转发或者丢弃数据。

### （六）交换机

交换机工作于 OSI 模型的数据链路层，是局域网组网时最常用的核心设备。交换机的每个端口都用来连接一个独立的网段，可以识别数据包中的 MAC 地址信息，根据 MAC 地址进行转发，并将这些 MAC 地址与对应的端口记录在自己内部的一个地址表中。交换机的主要功能包括物理编址、网络拓扑结构、错误校验、帧序列以及流量控制。目前交换机还具备了一些新的功能，如对 VLAN（虚拟局域网）的支持和对链路汇聚的支持，甚至有的还具有防火墙的功能。

## 三、制作双绞线

### （一）剥线

利用斜口钳剪下所需要的双绞线长度，至少 0.6 m，最多不超过 100 m。剪好后再用压线钳将双绞线的外皮除去 2 ~ 3 cm，不宜太长或太短。有一些双绞线电缆上含有一条柔软的尼龙绳，如果在剥除双绞线的外皮时，觉得裸露出的部分太短，不利于制作 RJ-45 接头时，可以紧握双绞线外皮，再捏住尼龙线往外皮的下方剥开，就可以得到较长的裸露线。

### （二）理线

双绞线由 8 根有色导线两两绞合而成，按照白绿、橙、白橙、蓝、白蓝、橙、白棕、棕顺序排列。理线时，用左手捏紧理好的导线，用右手依次将每根线按顺序理齐、理直。

### （三）剪线

将网线理平、理直、理好，然后在距离网线前端约 1.5 cm 的位置，利用网线钳将 8 根网线线芯一次平齐剪断，剪线时，网线钳与网线呈 90°。

### （四）插线

将 RJ-45 接头有塑料弹簧片的一面向下，有针脚的一方向上，使有针脚的一端指向远离自己的方向，有方型孔的一端对着自己。此时，最左边的是第 1 脚，最右边的是第 8 脚，其余依次按顺序排列。插入时需要注意缓缓地用力把 8 条线缆同时沿 RJ-45 头内的 8 个线槽插入，一直插到线槽的顶端。

在最后一步的压线之前，可以从 RJ-45 接头的顶部检查，看看是否每一组线缆都紧紧地顶在 RJ-45 接头的末端。

### （五）压线

确认无误之后把水晶头插入压线钳相应的位置，用力握紧压线钳，将水晶头凸出在外面的针脚全部压入水晶头内，受力之后听到轻微的"啪"一声即可。

重复步骤 1～5，制作双绞线的另一端。

### （六）连通性测试

使用普通的网线测试仪，将压接好水晶头的网线两头分别插上，打开开关，观察测试仪上的指示灯（左右各 8 个），该网线为直连线，若左边八盏灯与右边八盏灯亮的顺序一样的话，那么就证明网线是通的；否则网线连接可能有问题。

### （七）制作其他双绞线

根据实际布线需要，截取合适长度的双绞线，按照上述步骤制作所有双绞线。注意：如果需要暗线，上述步骤应在完成墙内穿线或在墙外安装线槽后再制作。

## 四、组建家庭网络

### （一）布线

布线是搭建网络的第一步。由于布线工程属于隐蔽工程，所以在走线与设计的初期一定要合理规划。

找到家庭网络的入口处，放置好 ADSL 无线路由器。

取一条 20 m 的双绞线，标线序为 01，从路由端走线到主卧室，线头留在电脑桌下方，方便台式机使用。

取一条 20 m 的双绞线，标线序为 02，从路由端走线到客卧，线头留在电脑桌下方，方便台式机使用。

取一条 15 m 的双绞线，标线序为 03，从路由端走线到书房，线头留在书桌的上方，方便日后笔记本使用。

取一条 10 m 的双绞线，标线序为 04，从路由端走线到客厅，线头留在茶几的底下，方便日后笔记本在客厅使用。

取一条 10 m 的双绞线，标线序为 05，从路由端走线到餐厅，线头留在靠近餐桌旁边的墙上，方便日后笔记本在餐厅使用。

双绞线在布线时两端最好各留出 50 cm，方便以后插线使用。在走线时尽量从墙的底端固定，做到隐蔽大方。

## （二）组建网络

根据需求分析画好的网络拓扑图，按照已经设计好的工程方案布置网络设备计算机及打印机到指定位置，使用已经布好的双绞线将网络设备和计算机连接。

将主卧和客卧的双绞线连接到台式机的以太网卡上。

在路由端，把线序为 01、02、03、04 的四条双绞线分别连接到路由器的 LAN 口上。

在路由端，把外网线连接到路由器的 WAN 口上。

将打印机连接到台式机上的 USB 接口上。

## （三）布线时的原则

### 1. 综合布线

在布线设计时，应当综合考虑电话线、有线电视电缆、电力线和双绞线的布设。电话线和电力线不能离双绞线太近，以避免对双绞线产生干扰，但也不宜离得太远，相对位置保持 20 cm 左右即可。

### 2. 注重美观

家居布线更注重美观，因此，布线施工应当与装修同时进行，尽量将电缆管槽埋藏于地板或装饰板之下，信息插座也要选用内嵌式，将底盒埋藏于墙壁内。

### 3. 设计简约

由于信息点的数量较少，管理起来非常方便，所以家居布线无须再使用配线架。双绞线的一端连接至信息插座，另一端则可以直接连接至集线设备，从而节约开支，减少管理难度。

## （四）设计家居布线方案时应当考虑的问题

### 1. 信息点数量

通常情况下，由于主卧室有两个主人，所以建议安装两个信息点，以便双方能同时使用计算机。其他卧室和客厅只需安装一个信息点，供孩子或临时变更计算机使用地点时使用。特别是拥有笔记本电脑时，更应当考虑在每个卧室和厅内都安装一个信息点。餐厅通常不需要安装信息点，因为很少会有人在那使用计算机。如果小区预留有信息接口，应当布设一条从该接口到集线设备的双绞线，以实现家庭网络与小区宽带的连接。

此外，最好在居所中心和前后阳台的隐蔽位置多布设 2～3 个信息点，以备将来安装无线网络的接入点设备，实现家庭计算机的无线网络连接，并可携带笔记本电脑到室外工作。

### 2. 信息插座位置

在选择信息插座的位置时，也要非常注意，既要便于使用，不能被家具挡住，又要比较隐蔽，不太显眼。在卧室中，信息插座可位于床头的两侧；在客厅中可位于沙发靠近窗口的一端；在书房中，则应位于写字台附近，信息插座与地面的垂直距离不应少于 20 cm。

### 3. 集线设备的位置

集线设备很少被接触，在保证通风较好的前提下，集线设备应当位于最隐蔽的位置。需要注意的是，集线设备需要电源的支持，因此，必须在装修时为集线设备提供电源插座。此外，集线设备应当避免安装在潮湿、容易被淋湿和电磁干扰非常严重的位置。

### 4. 远离干扰源

双绞线和计算机应当尽量远离洗衣机、电冰箱、空调、电风扇，以避免这些电器对双绞线传输信号产生干扰。

### 5. 电源分开

计算机、打印机和集线设备使用的电源线，应当与日光灯、洗衣机、电冰箱、空调、电风扇使用的电源线分开，实现单独供电，以保证计算机的安全和运行稳定。

### 6. 走线选择

双绞线应当避免直接的日晒，也不宜在潮湿处布放。此外，应当尽量远离经常使用的通道和重物，避免可能的摩擦，以保证双绞线的电器性能。

## （五）居室布线方案

### 1. 两居室家居布线

主卧室安装两个信息点，位于双人床两侧以便双方能够同时使用笔记本电脑。

客卧室安装信息点，位于单人床床头或写字台附近，便于子女或来访客人使用。客厅安装一个信息点，位于沙发一端或茶几附近较为隐蔽的位置，便于使用笔记本电脑在客厅办公或娱乐。

此外，再从住宅小区提供的信息插座引一条双绞线到集线设备处，以实现家庭网络与小区局域网接入。电话线与电源线应当分管铺设，彼此之间的距离为20 cm。信息插座、语音插座与电源插座的距离也应当在20 cm。

将双绞线穿入PVC管，埋设在地板垫层。需要穿过墙时，在墙壁贴近地面处打洞。信息插座采用墙上型，在墙壁中埋设底盒。信息插座距地面距离为20 cm，距电源插座的距离也为20 cm。集线设备（集线器或交换机）安装在次卧室，建议选用5口桌面型设备，可以固定在写字台靠近床头的一侧，既节约空间，保证有适当的通风空间，同时又避免设备直接暴露影响美观。

2. 三居室家居布线

由于三居室的客厅通常比较大，可考虑在两侧的墙壁上分别安装一个信息点，均位于距窗口1～1.5 m的隐蔽位置，便于同时接入计算机。综合布线的要求与两居室完全相同。三居室的走线方式也与两居室相同。

3. 复式家居布线

楼上主卧室和次卧室的设计，以及小区宽带链路与两居室相同故不复赘述。一楼大厅内的两侧墙壁上分别安装一个信息点，均位于距窗口1～1.5 m的隐蔽位置，便于同时接入计算机或无线AP，在楼板和墙壁上打洞并穿入PVC管，实现双绞线在楼层间、居室间的穿越。建议将集线设备安装在一楼楼梯背面，既便于维护，又不影响美观。综合布线的要求与两居室完全相同。

如果小区宽带允许每个家庭有多个用户接入，且采用DHCP动态分配IP地址，那么只需使用一条交叉线将集线器与小区提供的信息插座连接即可。如果小区未提供DHCP服务，则需为每台计算机都设置IP地址。如果小区只为每个家庭分配一个IP地址，并通过MAC地址方式限制接入数量，那么就必须采用宽带路由器或代理服务器。采用宽带路由器方式时，使用一条交叉双绞线连接路由器的WLAN口和小区的信息插座，再使用另外一条交叉线连接路由器的LAN口和家庭集线设备。采用代理服务器方式时，如果使用Windows的ICS，则需两块网卡，一块网卡连接小区，一块网卡连接家庭网络。

## 五、配置 TCP/IP

### （一）规划网络设备 IP 地址

以为三台计算机设置 TCP/IP 属性值为例。TP-LINK TL-WR841N 原始地址是 192.168.1.1，根据规划，三台计算机的 TCP/IP 属性值具体设置如表 4-1 所示。

表 4-1　计算机 TCP/IP 配置表

| 计算机 | IP 地址 | 子网掩码 | 网关地址 | 主 DNS 地址 |
|---|---|---|---|---|
| 主卧台式机 | 192.168.1.10 | 255.255.255.0 | 192.168.1.1 | 自动获取 |
| 客卧台式机 | 192.168.1.20 | 255.255.255.0 | 192.168.1.1 | 自动获取 |
| 笔记本 | 192.168.1.30 | 255.255.255.0 | 192.168.1.1 | 自动获取 |

### （二）配置计算机 IP 地址

1. 配置 IP 地址和网关

打开计算机控制面板中的网络，根据规划的 IP 地址进行设置。

2. 测试

在主卧室的台式机上用 ping 命令 ping 次卧的台式机。如果已经 ping 通了，则两台台式机可以通信。用同样的方法在主卧台式机与笔记本以及客卧台式机与笔记本之间进行测试。

## 六、配置网络设备

### （一）配置路由器，设置自动拨号上网

1. 访问路由器

在浏览器中输入 http://192.168.1.1，然后输入账号密码登录（请查看路由器说明书，不同厂家可能不同，一般默认账号为 admin，默认密码为 admin 或 123456）。

2. 路由设置

登录后，点击路由设置，选择上网方式为"宽带"，输入宽带账号和密码，连接测试。如果需要无线连接，点击无线设置。如果需要动态分配 IP 地址，点击 DHCP 服务器。

### （二）测试

1）在笔记本上创建宽带拨号连接。

2）打开控制面板，启动网络和共享中心。

3）设置新的连接和网络，选择"宽带 PPPoE"。

4）输入你的宽带账号和密码，点击"连接"，尝试访问 Internet。

## 七、共享文件和打印机

文件共享和网络打印是家庭网络环境的重要应用。

### （一）安装本地打印机

1）单击"开始"→"控制面板"→"打印机和传真"→"添加打印机"，出现添加打印机欢迎窗口，单击"下一步"继续。

2）选择链接到此计算机的本地打印机，去掉自动检测的复选框中的勾，以便自己选择型号。（提示：现在常见的打印机驱动安装方式为执行附带光盘中的安装程序，然后会自动将驱动复制到系统中，这样等接入打印机后，系统会自动检测并安装驱动，用户只需要简单地按照提示操作即可）。

3）选择正确的打印机端口，这里默认选 LPT1 端口。

4）选择打印机型号，如果列表中不存在您的打印机型号，请单击"从磁盘安装"，手动选择打印机驱动，这里选择 EPSONDLQ–1000K。

5）设置打印机名称，在这里设置为默认形式。

6）设置共享名，当然也可以不设置，安装完成以后再设置也可以。

7）设置相关信息说明，在这里是描述这台打印机的位置和功能。

8）打印测试页，测试打印机是否正常工作，在有打印机的情况下一般选择"是"，但是现在电脑没安装打印机，所以在这里选"否"。

9）完成打印机的安装。

注意：这里点击完成后会复制驱动程序，可能需要提供 Windows 的系统安装盘。

### （二）安装网络打印机

1）这种打印机自带网卡接口，并且可以配置 IP，接入网络中使用。

2）请参考安装本地打印机的第一步、第二步。

3）完成上述步骤后，选择创建新端口，端口类型处选择 Standard TCP/IPPort。

4）添加标准 TCP/IP 打印机端口向导。

5）输入打印机的 IP 地址，请确保本地与网络接口打印机可以正常通信。在这里给定打印服务器的 IP 地址为 172.16.100.135。

6）选择打印机接口的设备类型，这里选择 Generic Network Card。

7）完成向导，进入打印机型号的选择。

8）余下的步骤请参考安装本地打印机的第四步到第九步。

9）完成网络接口打印机的安装。

## （三）在客户端上添加网络打印机

1）首先假设打印服务器的 IP 地址为 172.16.100.135，客户端的 IP 地址为 172.16.100.19。打印服务器和客户端在同一个网段中。

2）请参考安装本地打印机的第一步。

3）选择第二项，网络打印机或链接到其他计算机的打印机。

4）输入打印机的 UNC 地址，单击"下一步"，系统会自动安装网络打印。在这里输入 \1172.16.100.135\EPSONDLQ-2000K，其中 172.16.100.135 为打印服务器的 IP 地址，EPSONDLQ-2000K 为网络打印机的名字。

5）安装完成。在里面添加要打印的文档就可以打印了。

## （四）在该网络环境下设置简单的文件共享

使用简单文件共享方式创建文件共享很简单,只需在文件夹上单击鼠标右键,选中"共享和安全"菜单项，点选"共享"标签项。然后勾选"在网络上共享这个文件夹"项，在"共享名"栏中显示的是所需共享的文件目录名。如果允许网络用户修改你的共享文件，则选中"允许网络用户更改我的文件"即可。

有时用户不仅要共享文件，可能还需要共享磁盘驱动器。此时只需在驱动器盘符上单击鼠标右键，选中"共享和安全"菜单项，点选"共享"标签项，出现了一个安全提示，提示你注意驱动器共享后的风险。如果你继续要共享的话，点击"共享驱动器根"链接，以下操作与文件夹共享操作一样。

共享文件夹和驱动器能被访问的前提是：共享机已开启了 GUEST 账户，一般 XP 系统默认 GUEST 账户是没有开启的，如果允许网络用户访问该电脑，必须打开 GUEST 账户。依次单击"控制面板"→"管理工具"→"计算机管理"→"本地用户和组"→"用户"选项，在右边的 GUEST 账号上单击鼠标右键,选中"属性"菜单项，然后去除"账号已停用"选项即可。如果还不能访问，大多是本地安全策略限制了用户访问。在启用了 GUEST 用户或本地相应账号的情况下，依次单击"控制面板"→"计算机管理"→"本地安全策略"→"用户权利指派"项，在"拒绝从网络访问这台计算机"的用户列表中，如看到 GUEST 或相应账号的话，直接删除即可，这样网络上的用户都可以进行访问，且用户访问共享不需要任何密码，访问更加简洁明了。

## （五）Serv-U 和 HFS 快速实现文件共享

在实际工作中，有时候我们需要共享一些文件让其他人进行下载。可以使用 Serv-U 架设 FTP 服务器端，或使用 Http File Server 进行共享，与架设 IIS 服务器相比较，Serv-U 和 HFS 的设置更加灵活方便。

1.Serv-U

Serv-U 是目前众多的 FTP 服务器软件之一。通过使用 Serv-U，用户能够将任何一台 PC 设置成一个 FTP 服务器。这样，用户或其他使用者就能够使用 FTP 协议，通过在同一网络上的任何一台 PC 与 FTP 服务器连接，进行文件或目录的复制、移动，创建和删除等。这里提到的 FTP 协议是专门被用来规定计算机之间进行文件传输的标准和规则，正是因为有了像 FTP 这样的专门协议，才使得人们能够通过不同类型的计算机，使用不同类型的操作系统，对不同类型的文件进行相互传递。

2.HFS

HFS 是一种上传文件的软件，专为个人用户所设计的 HTTP 档案系统。如果觉得架设 FTP Server 太麻烦，那么这个软件可以提供更方便的档案传输系统，下载后无须安装，只要解压缩后执行 hfs.exe，于 Virtual File System（虚拟文件系统）窗格下按鼠标右键，即可新增/移除虚拟档案资料夹，或者直接将欲加入的档案拖曳至此窗口，便可架设完成个人 HTTP 虚拟档案服务器。

# 第五章　广域网与接入网

## 第一节　广域网的连接方式

广域网也称远程网，覆盖的范围比局域网和城域网都广，通常跨接很大的物理范围，所覆盖的范围从几十千米到几千千米，它能连接多个城市、国家或横跨几个洲，并能提供远距离通信，形成国际性的远程网络。广域网的通信子网可以利用公用分组交换网、卫星通信网和无线分组交换网，将分布在不同地区的局域网或计算机系统互联，达到资源共享的目的。

广域网的连接方式有点对点链路、电路交换、报文交换、分组交换和虚电路交换。

### 一、点对点链路

点对点链路也称为租用线路，因为它所建立的路径对于每条通过电信运营商设施连接的远程网络都是永久且固定的。点对点链路提供了两种数据传送方式，一种是数据报传送方式，另一种是数据流传送方式。点对点链路不使用 ARP（地址解析协议），因为在设置这些链路时已经告知内核链路两端的 IP 地址，所以不需要 ARP 来实现 IP 地址和不同网络技术硬件地址的动态映射。

### 二、电路交换

电路交换要求在通信之前要在通信双方之间建立一条被双方独占的物理通路，这条物理通路由通信双方之间的交换设备和链路逐段连接而成。

电路交换的优点是：①通信线路为通信双方用户专用，数据直达，所以传输数据的时延非常小；②通信双方之间的物理通路一旦建立，双方可以随时通信，实时性强；③双方通信时按发送顺序传送数据，不存在时序问题；④交换设备及控制均较简单。

电路交换的缺点是：①电路交换链路的连接建立时间较长；②电路交换连接建立后，物理通路被通信双方独占，即使通信线路空闲，也不能供其他用户使用，因而信道利用率低；③在电路交换模式下，数据可以直接传输，不同类型、不同规格、不同速率的终端很难相互进行通信，也难以在通信过程中进行差错控制。

## 三、报文交换

这种方式不要求在两个通信节点之间建立专用通路。节点把要发送的信息组织成一个数据包——报文。该报文中含有目标主机的 IP 地址，完整的报文在网络中一站一站地向前传送。每一个节点接收整个报文，检查目标主机的 IP 地址，然后根据网络中的交通情况在适当时转发到下一个网络中间节点，经过多次的存储—转发后到达目标主机，因而这样的网络也称为存储—转发网络。

交换节点对各个方向上收到的报文排序，并寻找下一个转接点，然后再转发出去，这些都带来了排队等待时延。报文交换的优点是不建立专用链路，线路利用率较高，这是由通信中的等待时延换来的。

## 四、分组交换

分组交换也称为包交换，将用户传送的数据划分成一定的长度，每个部分叫作一个分组，在每个分组的前面加上一个分组头，用以指明该分组发往何地址，然后由交换机根据每个分组的地址标志，将它们转发至目的地的过程。进行分组交换的通信网称为分组交换网。

分组交换实质上是在"存储—转发"的基础上发展起来的，它兼有电路交换和报文交换的优点。

## 五、虚电路交换

虚电路（VC）又称为虚连接或虚通道，是分组交换的两种传输方式中的一种。在通信网络中，虚电路是由分组交换通信所提供的面向连接的通信服务。在两个节点或应用进程之间建立起一个逻辑上的连接或虚电路后，就可以在两个节点之间依次发送每一个分组，接收端收到分组的顺序必然与发送端的发送顺序一致，因此接收端无须负责在收集分组后重新进行排序。虚电路分为交换虚电路和永久虚电路两种形式。

交换虚电路（SVC）是端点之间的一种临时性连接。这些连接只持续所需的时间，并且在会话结束时就取消这种连接。虚电路必须在数据传送之前建立，一些电信局提供的分组交换服务允许用户根据自己的需要动态定义 SVC。

永久虚电路（PVC）是一种提前定义好的，基本上不需要任何建立时间的端点间的连接。在公共长途电信服务中，例如异步传输模式（ATM）或帧中继，顾客提前和电信局签订关于 PVC 的端点合同，并且如果顾客需要重新配置这些 PVC 的端点，他们就必须和电信局联系。

在国内使用的虚电路都是永久虚电路。

# 第二节 广域网设备

## 一、广域网交换机

广域网交换机是在运营商网络中使用的多端口网络互联设备。广域网一般最多只包含 OSI/RM 的底下 3 层，而且目前大部分广域网都采用存储—转发方式进行数据交换，也就是说，广域网是基于报文交换或分组交换技术的。广域网中的交换机先将发送给它的数据包完整接收下来，然后经过路径选择找出一条输电线路，最后交换机将接收到的数据包发送到该线路上去，以此类推，直到将数据包发送到目的节点。广域网交换机可以对 X.25、帧中继等数据流量进行操作。

## 二、接入服务器

接入服务器是广域网中拨入和拨出连接的汇聚点。接入服务器又称网络接入服务器（NAS）或远程接入服务器（RAS），它是位于公用电话网（PSTN/ISDN）与 IP 网之间的一种远程访问接入设备。用户可通过公用电话网拨号到接入服务器上接入 IP 网，实现远程接入 Internet、拨号虚拟专网（VPDN）、构建企业内部 Intranet 等网络应用。接入服务器可以处理发向 ISP 路由器的认证、授权与计费（AAA）以及隧道 IP 分组。

## 三、CSU/DSU

CSU（通道服务单元）是把终端用户和本地数字电话环路相连的数字接口设备，通常和 DSU 统称为 CSU/DSU。DSU（数据服务单元）指的是用于数字传输中的一种设备，它能够把 DTE 设备上的物理层接口适配到 TI 或者 EI 等通信设施上。

CSU/DSU 的作用是 CSU 接收和传送来往于广域网线路的信号，并提供对其两边线路干扰的屏蔽作用。CSU 也可以响应电话公司发来的带检测目的的回响信号。DSU 进行线路控制，在输入和输出间转换：RS–232C、RS–449 形式的帧或局域网的 V.35 帧和 T–1 线路上的 TDMDSX 帧。DSU 管理分时错误和信号再生，像数据终端设备和 CSU 一样提供类似于调制解调器与计算机的接口功能。

## 四、ISDN 终端适配器

ISDN（综合业务数字网）终端适配器的功能就是使得现有的非 ISDN 标准终端（例如模拟话机、G3 传真机、分设备、个人计算机）能够在 ISDN 上运行，在现有终端上为用户提供 ISDN 业务。终端适配器是应用最广泛的 ISDN 终端设备，最根本的应用是作为个人计算机与 ISDN 的桥梁，使得 PC 可以灵活、高速地接入 Internet、局域网、ISP，或与其他 PC 进行数据通信。

# 第三节　接入网技术

## 一、X.25

X.25 网是第一个面向连接的网络，也是第一个公共数据网络。它是基于 X.25 协议建立的网络，产生于 1976 年，在 20 世纪 80 年代被无错误控制、无流控制、面向连接的帧中继网络所取代。

X.25 协议是 ITU 建议（国际电信联盟）的一种协议，定义数据终端设备（DTE）和数据通信设备（DCE）间的分组交换网络的连接。分组交换网络在一个网络上为数据分组选择到达目的地的路由，X.25 是一种很好实现的分组交换服务，传统上它用于将远程终端连接到主机系统。

X.25 使用电话或者 ISDN 设备作为网络硬件设备来架构广域网的 ITU–T 网络协议。它的实体层、数据链路层和网络层都是按照 OSI/RM 来架构的。在国际上，X.25 的提供者通常称 X.25 为分组交换网，一般是国营电信公司，例如中国电信。

　　X.25 网使用虚电路来进行数据传输，有交换虚电路和永久虚电路之分。交换虚电路将建立基于呼叫的虚电路，然后在数据传输会话结束时拆除；永久虚电路在两个端点之间保持一种固定连接。无论是交换虚电路还是永久虚电路，都需要先建立连接，也就是对分组授予一个号码，这个号码可以被连接源地和目的地的信道识别，然后再发送数据分组，因而分组不需要源地址和目的地址，虚电路为传输分组通过网络到达目的地提供了一条通信路径。

　　X.25 工作于 OSI/RM 的物理层、数据链路层和网络层。

　　在物理层称为 X.21 接口，定义从计算机 / 终端（DTE）到 X.25 分组交换网络中的附件节点的物理 / 电气接口。RS–232C 通常用于 X.21 接口。

　　数据链路层定义像帧序列那样的数据传输。使用的协议是平衡式链路访问规程（LAP–B），它是高级数据链路控制（HDLC）协议的一部分。LAP–B 的设计是为了点对点连接，它为异步平衡模式会话提供帧结构、错误检查和流控机制。LAP–B 为确认一个分组已经抵达网络的每个链路提供了一种途径。

　　网络层也称为分组层，此层定义了通过分组交换网络的可靠虚电路。这样，X.25 就提供了点对点数据发送，而不是一点对多点发送。

　　现在，由于像帧中继（FR）、ISDN、ATM、ADSL、POS 等新技术的推出，X.25 的市场占有率迅速下降，但由于 X.25 网是一种可靠且便宜的 Internet 连接技术，一些科技和经济相对落后的国家仍在使用。

　　X.25 网由分组交换机、用户接入设备和传输线路组成。

　　X.25 网为用户提供了灵活的接入方式，无论用户使用什么类型的通信设备，支持何种通信协议，都可以快捷方便地接入。在 X.25 网的中继传输线路中有两种传输线路模式，一种是模拟信道接入，其速率有 9 600 bps、48 Kbps 和 64 Kbps；另一种是数字信道接入，其速率有 64 Kbps、128 Kbps 和 2 Mbps。

　　使用 X.25 网的用户分为普通用户和集团用户。

　　普通用户的接入方式有异步方式和同步方式。异步方式用于对个人计算机和普通终端等，可以利用其上的串行通信口（RS–232）按异步方式，采用 X.28 协议接入；同步方式用于加有 X.25 卡的个人计算机和分组终端等，采用 X.25 协议接入。

　　普通用户的线路连接方式有专线方式和电话拨号方式。专线方式适用于业务量大、使用频率高、要求高可靠性、无呼叫损失的应用，但是需要租用入网专线，费用相对较高；电话拨号方式适用于业务量不大、通信次数少、可以承受呼叫失败的应用。由于使用已有的电话线路，因此费用很低，对于零散用户是比较理想的接入方式。

集团用户接入方式的特点是通过网络把分散在各地的专用网或局域网连接起来，因此集团用户接入方式和普通用户接入方式有所不同。

专用网一般按 X.25 协议接入，中国公用分组交换数据网（China PAC）向用户提供 2 位子地址，可作为网络地址的一部分，大大提高了专用网寻址的灵活性；也可以采用网关方式入网，灵活性和独立性更强。

专用网可以有自己的、完全独立于 China PAC 的地址；局域网以 X.25 方式接入，一般局域网产品均配有 X.25 硬件及软件，可以把它们安装在服务器上，和 X.25 公网相连。

银行的接入 X.25 网采用的是 POS 设备，银行的 ATM 机和 POS 设备可以通过 X.25 网进行信息交换，China PAC 专门向这些设备提供 T3POS 的接入协议，当然也可以采用异步方式接入。

集团用户的线路接入方式仍然有专线接入和电话拨号接入两种，但集团用户多用服务器接入，所以最好以专线方式入网，把电话拨号作为备份；与银行的 POS 设备相连接，同样可采用专线接入或电话拨号方式，可根据具体情况决定。

## 二、帧中继

### （一）相关概念

帧中继（FR）网络是一种简化的 X.25 网，是采用帧中继协议来组成的广域网帧中继网络既可以是公用网络或者某一企业的私有网络，也可以是数据设备之间直接连接构成的网络。

由于光纤传输技术的发展，采用光纤作为网络传输介质，其误码率小于 $10^{-9}$，完全达到了计算机数据信息传输的质量要求。因此，可以减少 X.25 网的某些差错控制过程，从而减少节点的处理时间，提高网络的吞吐量，帧中继就是在这种环境下产生的。

帧中继协议是一种统计复用的协议，它在单一物理传输线路上能够提供多条虚电路。帧中继协议只定义了物理层和数据链路层的标准，与 X.25 网相比，少了网络层的规范，网络层及高层协议都独立于帧中继协议，这样大大地简化了帧中继网络的实现。

目前帧中继技术的主要应用之一是局域网互联，特别是在局域网通过广域网进行互联时，使用帧中继更能体现它的低网络时延、低设备费用、高带宽利用率等优点。帧中继是一种先进的广域网技术，采用的也是分组交换方式，只不过它将 X.25 网中分组交换机之间的恢复差错、防止阻塞的处理过程进行了简化。

## （二）特点

### 1. 帧中继技术有以下四个特点

1）帧中继技术主要用于传递数据业务，它使用一组规程将数据信息以帧的形式（简称帧中继协议）有效地进行传送。它是广域网通信的一种方式。

2）帧中继所使用的是逻辑连接，而不是物理连接，在一个物理连接上可复用多个逻辑连接，可建立多条逻辑信道，可实现带宽的复用和动态分配。

3）帧中继协议是对 X.25 协议的简化，因此处理效率很高，网络吞吐量高，通信时延低，帧中继用户的接入速率在 64 Kbps~2 Mbps 之间，甚至可达到 34 Mbps。

4）帧中继的帧信息长度远比 X.25 分组长度要长，最大帧长度可达 1600 B/ 帧，适合于封装局域网的数据单元，适合传送突发业务（如压缩视频业务、WWW 业务等）。

### 2. 相对于 X.25 网，帧中继网络具有以下七个特点

1）因为帧中继不执行纠错功能，所以它的数据传输速率和传输时延比 X.25 要分别高和低至少一个数量级。

2）帧中继网络采用了基于变长帧的异步多路复用技术，因此主要用于数据传输，而不适用于语音、视频或其他对时延敏感的信息传输。

3）帧中继网络仅提供面向连接的虚电路服务。

4）帧中继网络仅能检测到传输错误，而不试图纠正错误，只是简单地将错误帧丢弃。

5）帧长度可变，允许最大帧长度在 1 600 B 以上。

6）帧中继网络使用光纤作为传输介质，因此误码率极低，能实现近似无差错传输，减少了进行差错校验的开销，提高了网络的吞吐量。

7）帧中继网络是一种宽带分组交换网络，使用复用技术时，其传输速率可高达 44.6 Mbps。

### （三）帧中继业务的主要应用

#### 1. 局域网互联

利用帧中继进行局域网互联是帧中继业务中最典型的一种业务。在已建成的帧中继网络中，进行局域网互联的用户数量占 90% 以上，因为帧中继很适合为局域网用户传送大量突发性数据。

在许多大企业、银行、政府部门中，其总部和各地分支机构所建立的局域网需要互联，而局域网中往往会产生大量的突发数据来争用网络的带宽资源，如果采用帧中继技术进行互联，既可以节省费用，又可以充分利用网络资源。

帧中继网络在业务量少时，通过带宽的动态分配技术，允许某些用户利用其他用户的空闲带宽来传送突发数据，实现带宽资源共享，可以降低通信费用。在业务量大甚至发生拥塞时，由于每个用户都已分配了网络的承诺信息速率（CIR），因此网络将按照用户信息的优先级及公平性原则，把某些超过 CIR 的帧丢弃，并尽量保证未超过 CIR 的帧可靠地传输，不会因拥塞造成不合理的数据丢失。由此可见，帧中继非常适合为局域网用户提供互联服务。

#### 2. 图像发送

帧中继网络可以提供图像、图表的传送业务，这些信息的传送往往要占用很大的网络带宽。例如，医疗机构要传送一张 X 光胸透照片往往要占用 8 Mbps 的带宽，如果用分组交换网传送，则端到端的时延过长，用户难以承受；如果采用电路交换网传送，则费用太高。而帧中继具有高速、低时延、动态分配带宽、成本低的特点，很适合传输这类图像信息，因而，诸如远程医疗诊断等方面的应用也就可以采用帧中继来实现。

#### 3. 虚拟专用网

帧中继网络可以将网络中的若干个节点划分为一个区，并设置相对独立的管理机构，对分区内的数据流量及各种资源进行管理。分区内各节点共享分区内的网络资源，分区之间相对独立，这种分区结构就是虚拟专用网。采用虚拟专用网比建立一个实际的专用网要经济合算，虚拟专用网尤其适用于大企业用户。

综上所述，帧中继是简化的分组交换技术，其设计目标是传送面向协议的用户数据。经过简化的技术在保留了传统分组交换技术优点的同时，大幅度提高了网络的吞吐量，减少了传输设备与设施费用，提供了更高的性能与可靠性，缩短了响应时间。

# 三、ISDN

ISDN 是欧洲普及的电话网络形式，俗称"一线通"，除了可以用来打电话，还可以提供可视电话、数据通信、会议电视等多种业务，从而将电话、传真、数据、图像等多种业务综合在一个统一的数字网络中进行传输和处理。开通 ISDN 后，用户在上网的同时还可以打电话，这比传统 Modem 使用电话线上网要方便得多。传统 Modem 上网和打电话只能分开进行，并且由于 ISDN 线路属于数字线路，用它来打电话的效果比普通电话要好得多。

ISDN 通过普通的电话线缆以更高的速率和质量传送语音和数据。GSM 移动电话标准也可以基于 ISDN 传输数据。因为 ISDN 是全部数字化的电路，所以它能够提供稳定的数据服务和连接速度，不像模拟线路那样容易受到干扰。在数字线路上更容易开展更多模拟线路无法或者难以保证质量的数字信息业务。ISDN 需要一条全数字化的网络用来承载数字信号（只有 0 和 1 这两种状态），这是其与普通模拟电话最大的区别。

## （一）ISDN 的优点和缺点

针对普通家庭用户上网，ISDN 具有如下优点和缺点。

1. 优点

综合的通信业务：利用一条用户线路，就可以在上网的同时拨打电话、收发传真，就像两条电话线一样。

传输质量高：由于采用端到端的数字传输，传输质量明显提高。

使用灵活方便：只需一个入网接口，使用一个统一的号码，就能从网络得到所需要的各种业务。用户在这个接口上可以连接多个不同种类的终端，而且有多个终端可以同时通信。

2. 缺点

相对于 ADSL 和局域网等接入方式而言，ISDN 速度不够快。

长时间在线费用会很高。

设备费用并不便宜。

根据上述优缺点的分析，对普通家庭用户上网而言，使用 ISDN 上网只能提供 128 Kbps 的速度，这对于需要高速上网的广大用户而言已明显不够用了。因此，现在普通家庭用户上网一般更多地采用 ADSL 接入和局域网接入方式。因为使用 ISDN 上网像打电话一样是按时长来收费的，所以对于某些上网时间比较少的用户，用 ISDN 比使用 ADSL 便宜很多。

### （二）ISDN 的分类

ISDN 分为窄带 ISDN（N–ISDN）和宽带 ISDN（B–ISDN）两种，目前普遍使用的是窄带 ISDN。

1.N–ISDN

N–ISDN 又分为基本速率接口 BRI（2B+D）和主速率接口 PRI（30B+D 或 23B+D）。

基本速率接口包括两个能独立工作的 B 信道（64 Kbps）和一个 D 信道（16 Kbps），其中 B 信道一般用来传输语音、数据和图像，D 信道用来传输信令或分组信息。主速率接口 PRI 由多个 B 信道和一个带宽 64 Kbps 的 D 信道组成，不同国家和地区 B 信道的数量不同。

用户接入 ISDN 的组网方式如图 5–1 所示。

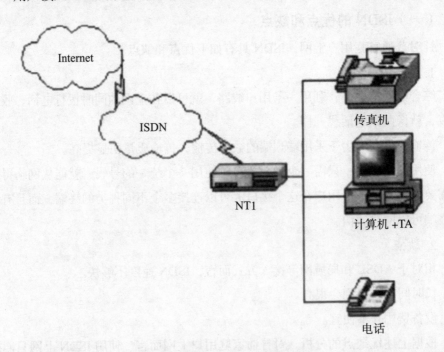

图 5–1　用户接入 ISDN 的组网方式

如图 5–1 所示，NT1 是 ISDN 终端接口，是用户与网络连接的第一道接口设备。NT1 有两个接口，即"U 接口"和"S/T 接口"。U 接口与电信局电话线相接，

S/T 接口则为用户端接口，可为用户接入数字电话或数字传真机等终端设备、终端适配器（TA）和 PC 网卡等多个 ISDN 终端设备。有些网络终端将 NTI 功能与 ISDN 终端集成在一起，其中比较常见的是 NT1+，它除具备 NT1 的所有功能外，还有两个普通电话的插口，一个可插普通电话机，另一个可插 G3 传真机。电话机和传真机的操作与现代普通通信设备的操作完全一样，并能同时使用，互不干扰。

此外还有 NT2 型网络终端，具有 OSI/RM 第二层和第三层协议处理和多路复用功能，相当于 PABX、LAN 等终端控制设备。NT2 还具有用户室内线路交换和集线功能，原则上 ISDN 路由器、拨号服务器、反向复用器等都是 NT2 设备。因此，NT1 设备是家庭用户应用的网络终端，而 NT2 是中小企业用户应用的网络终端。

终端适配器（ISDN terminal adaptor）是将现有模拟设备的信号转换成 ISDN 帧格式进行传递的数模转换设备。由于从电信局到用户的电话线路上传输的信号是数字信号，而目前普遍应用的大部分通信设备，如模拟电话机、G3 传真机、个人计算机以及 Modem 等，都属于模拟设备，如果用户希望这些设备继续在 ISDN 中使用，就必须购置终端适配器。终端适配器实际上是位于网络终端 NT1 与用户自己的模拟通信设备之间的模数转换接口设备。

终端设备 TE 又可分为 TE1（第一类终端设备）和 TE2（第二类终端设备）。TE1 通常是指 ISDN 的标准终端设备，如 ISDN 数字电话机、C4 传真机等，它们符合 ISDN 用户与网络接口协议，用户使用这些设备时不需要终端适配器就可以直接连入网络终端。TE2 则是指非 ISDN 终端设备，也就是人们在日常生活中普遍使用的普通模拟电话机、G3 传真机、个人计算机、调制解调器等。显然，使用 TE2 设备，用户必须购买终端适配器才能接入网络终端，这些设备要求用户重新购买，且价格较贵。

例如图 5-1 中的计算机，其属于非 ISDN 终端设备，接入 ISDN 需要使用终端适配器；而传真机和电话属于标准的 ISDN 终端设备，不需要加装终端适配器就可以直接接入 ISDN 网络。

2.B-ISDN

B-ISDN 由电话网、分组交换网和异步传输模式宽带交换网组成，可提供 155 Mbps 以上的通信能力。B-ISDN 除能提供 N-ISDN 的业务（话音、传真等）外，还能提供宽带检索型业务（如文件检索、宽带可视图文等）、宽带分配型业务（如广播电视、高清晰度电视等）以及宽带突发型业务（如高速数据传输等）。B-ISDB 能实现语音、高速数据和活动图像的综合传输，是进行电子商务活动的理想通信介质。

B-ISDN 要求采用光缆及宽带电缆，其传输速率可从 155 Mbps 到几 Gbps，能提供各种连接形态，允许在最高速率以下任意选择速率，允许以固定速率或可变速率传送。B-ISDN 可用于音频及数字化视频信号传输，可提供电视会议服务。各种业务都能以相同的方式在网络中传输。其目标是实现 4 个层次上的综合，即综合接入、综合交换、综合传输和综合管理。

B-ISDN 的业务范围比 ISDN 更加广泛，这些业务在特性上的差异较大。如果用固定速率传输所有业务信息，很容易降低 QoS 和浪费网络资源。由此引出了异步传输模式（ATM）。

## 四、ATM

ATM 是一种采用统计时分复用技术的面向分组的传送模式。在 ATM 中，信息流被组织成固定尺寸的块（称为"信元"）进行传送，信元长度为 53 B，信元的传送是"面向连接"的，只有在已经建立好的虚电路上才能接收和发送信元。

ATM 是实现 B-ISDN 业务的核心技术之一。它适用于局域网和广域网，它具有高数据传输率，支持如声音、数据、传真、实时视频、高质量音频和图像的通信。ATM 采用面向连接的传输方式，将数据分割成固定长度的信元，通过虚连接进行交换。ATM 集交换、复用和传输为一体，在复用上采用的是异步时分复用方式，通过信息的首部或标头来区分不同信道。

### （一）ATM 的技术特点

ATM 是在局域网或广域网上传送声音、视频、图像和数据的宽带技术。它是一项信元中继技术，可将信元想象成一种运输设备，能够把数据块从一个设备经过 ATM 交换设备传送到另一个设备。所有信元具有同样的大小，这不同于帧中继及局域网系统数据分组，使用相同大小的信元可以提供一种方法预计和保证应用所需要的带宽。ATM 具有分组交换灵活性强的优点，它采用定长分组（信元）作为传输和交换的单位，具有优秀的服务质量，目前最高的速度为 10 Gbps，即将达到 40 Gbps。ATM 的主要缺点是信元首部开销太大，每个信元长度为 53 B，其中信元首部开销就占了 5 B；并且 ATM 网络的实现技术复杂，组建 ATM 网络的价格比较高。

## （二）ATM 网络设备

目前已有多家知名的网络厂商提供构成 ATM 局域网络干线的设备，除 ATM 网络接口适配器（接口卡）外，主要有 ATM 交换机和 ATM/LAN 交换机。

ATM 网络接口适配器可以用于连接企业级服务器，也可以连接 ATM/LAN 交换机。

ATM/LAN 交换机一般有一个端口连接 ATM 网络干线交换机，此外有数十个以太网端口可以连接以太网集线器或计算机设备。

ATM 网络干线交换机是 ATM 网的主要组网设备，是 ATM 的重要组成部分。ATM 交换机可以由提供广域网公共服务的提供者所拥有，或者是某个企业内部网的一部分。ATM 交换机在企业网中能用作企业内的网络中心连接设备，能快速将数据分组从一个节点传送到另一个节点；ATM 交换机在广域网中用作广域通信设备，在远程局域网之间快速传送 ATM 信元。

## （三）ATM 网的主要应用

ATM 是作为下一代多媒体通信的主要高速网络技术出现的，从 ATM 的研究开始，ATM 就被设计成能提供音频、视频和数据传输，而计算机电话集成（CTI）技术使 IT 管理人员能将通常是分开的、陈旧的电话网络（包括电话和传真）与计算机结合起来。

ATM 在局域网中用作企业主干网时，能够简化网络的管理，消除许多由于不同的编址方案和路由选择机制的网络互联所引起的复杂问题。ATM 集线器能够提供集线器上任意两端口的连接，而且与所连接的设备类型无关。

ATM 管理软件使用户和他们的物理工作站移动非常方便。通过 ATM 技术可完成企业总部与各办事处及公司分部的局域网互联，从而实现公司内部数据传送、企业邮件服务、语音服务等，并通过连接 Internet 实现电子商务等应用。同时，由于 ATM 采用统计复用技术，且接入带宽突破了原有的 2 Mbps，最高可达 155 Mbps，因此适合高带宽、低延时或高数据突发等应用场景。

但是，ATM 网实现技术复杂，组网价格较高，随着以太网技术的不断发展，ATM 网在局域网中已失去了原有的优势，现已基本被以太网所取代。

# 五、HFC

HFC（混合光纤同轴电缆）网络是由光纤和同轴电缆相结合组成的混合网络，是在资源非常丰富的传统有线电视网（CATV）的基础上建立起来的，可同时传输电视信号和网络数据信号的网络。

HFC 网络是一个双向的共享介质系统，从有线电视台出来的节目信号先变成光信号在干线上传输，到用户区域后由光纤收发器把光信号转换成电信号，经分配器分配后通过同轴电缆送到用户。一根光纤干线可分配连接 400～500 个用户，这些用户共享它的可用容量和带宽。HFC 网络通常由光纤干线网络、同轴电缆网络支线、用户配线网络 3 个部分组成，它与早期的 CATV 同轴电缆网络的不同之处主要在于，干线上用光纤传输光信号，在局端须完成电—光转换，进入用户区后要完成光—电转换。

## （一）HFC 的主要特点

HFC 网络的优点有：①传输容量大，易实现双向传输，从理论上讲，一对光纤可同时传送 150 万路电话或 2 000 套电视节目。②频率特性好，在有线电视传输带宽内无须均衡。③传输损耗小，可延长有线电视的传输距离，25 km 内无须中继放大。④光纤间不会有串音现象，不怕电磁干扰，能确保信号的传输质量。

HFC 网络同传统的 CATV 网络相比，其网络拓扑结构也有些不同：①光纤干线采用星型或环状结构。②支线和配线网络的同轴电缆部分采用树状或总线型结构。③整个网络按照光节点划分服务区，这种网络结构可满足为用户提供多种业务服务的要求。随着数字通信技术的发展，HFC 已成为近年来宽带接入的一种选择，因而 HFC 网络又被赋予新的含义，特指利用混合光纤同轴来进行双向宽带通信的 CATV 网络。

HFC 既是一种灵活的接入系统，同时又是一种优良的传输系统。HFC 把铜缆和光缆搭配起来，同时提供两种物理介质所具有的优秀特性。在向宽带应用提供带宽需求的同时，HFC 比 FTTC（光纤到路边）或者 SDV（交换式数字视频）等解决方案便宜很多。HFC 可同时支持模拟和数字传输，在大多数情况下，HFC 可以同现有的设备和设施合并。

## （二）HFC 的结构和应用

在采用 HFC 网络接入 Internet 时，需要使用称为电缆调制解调器的设备。该设备用于连接用户计算机和同轴电缆，其功能比传统电话线接入使用的调制解调器复杂。它不仅是调制解调器，还集桥接器、网卡、加 / 解密设备和集线器等功能于一身，能将电视信号与数据信号进行分离与合成，以便能在 HFC 上传输不同性质的信号和数据。其上行传输速率最高为 10 Mbps，下行传输速率最高为 30 Mbps，并且随时在网，用户上网时无须拨号，使用起来非常方便。

HFC 网络通常采用星型或总线型结构，有线电视台的前端设备通过路由器与数据网相连，从而实现与 Internet 的连接，并通过局端数字交换机与公用电话网相连，将有线电视台的电视信号、公用电话网的语音信号和数据网的数据信号送入合路器形成混合信号后，经光发射机发送到光缆线路，然后送达各小区的光纤节点，再经同轴分配网将其送到用户综合服务单元。目前，用户可以通过 HFC 网络实现 Internet 访问、IP 电话、视频会议、视频点播、远程教育和收看电视等各种应用。

## 六、xDSL

xDSL 是各种类型 DSL（数字用户线）的总称，"x" 表示某字符或字符串，分别用来表示调制方式不同、获得的信号传输速率和距离不同以及上行信道和下行信道的对称性不同，包括 ADSL、RADSL、VDSL、SDSL、IDSL 和 HDSL 等。

xDSL 是一种在现有的铜质电话线路上采用较高的频率及相应调制技术，即利用在模拟线路中加入或获取更多数字数据的信号处理技术来获得高传输速率（理论值可达到 52 Mbps）。各种 DSL 技术最大的区别体现在信号传输速率和距离的不同，以及上行信道和下行信道的对称性不同两个方面。随着 xDSL 技术的问世，铜线从只能传输语音和 56 Kbps 的低速数据接入发展到如今已经可以传输高速数据信号。

### （一）ADSL

ADSL（非对称数字用户线）是一种新的数据传输方式，因为上行和下行带宽不对称而得名。它采用频分复用技术把普通的电话线分成了电话、上行和下行 3 个相对独立的信道，从而避免了相互之间的干扰。即使边打电话边上网，也不会发生上网速率和通话质量下降的情况。通常，在不影响正常电话通信的情况下，ADSL 可以提供最高 1 Mbps 的上行速度和最高 8 Mbps 的下行速度。

ADSL 是一种非对称的 DSL 技术，所谓非对称，是指用户线的上行速率与下行速率不同，上行速率低，下行速率高，特别适合传输多媒体信息业务，如视频点播（VOD）、多媒体信息检索和其他交互式业务。

现在比较成熟的 ADSL 标准有 G.DMT 和 G.Lite 两种。G.DMT 是全速率的 ADSL 标准，支持 8 Mbps 的高速下行速率和 1.5 Mbps 的上行速率，但是 G.DMT 要求用户端安装 POTS 分离器，比较复杂且价格昂贵。G.Lite 标准速率较低，下行、上行速率分别为 1.5 Mbps、512 Kbps，省去了复杂的 POTS 分离器，成本较低且便于安装。就适用领域而言，G.DMT 比较适用于公寓式办公楼，而 G.Lite 则更适用于普通家庭用户。

电信服务提供商端需要将每条开通 ADSL 业务的电话线路连接在数字用户线接入复用器（DSLAM）上，而在用户端，用户需要使用一个 ADSL Modem 来连接电话线路。由于 ADSL 使用的是高频信号，因此在两端都还要使用 ADSL 滤波器将 ADSL 数据信号和普通音频电话信号分离，避免打电话时出现噪声干扰。通常，ADSL 终端包括一个电话 Line-In 和一个以太网口，有些终端集成了 ADSL 信号分离器，还提供一个 Phone 接口，用于连接电话机的。

## （二）RADSL

RADSL（速率自适应数字用户线）是一个以信号质量为基础调整速率的 ADSL，工作开始时调制解调器先测试线路，把工作速率调到线路所能处理的最高速率。其实，许多 ADSL 技术实际上都是 RADSL。

RADSL 是在 ADSL 基础上发展起来的，这种技术允许服务提供者调整 xDSL 连接的带宽，以适应实际需要并且解决线长和质量问题，为远程用户提供可靠的数据网络接入手段。它的特点是利用一对双绞线传输，支持同步和非同步传输方式，速率自适应，下行速率为 1.5 ~ 8 Mbps，上行速率为 16 ~ 640 Kbps；支持同时传输数据和语音，特别适用于下雨或气温特别高等反常天气环境。

## （三）VDSL

VDSL（超高速数字用户线路）是目前传输带宽最高的一种 xDSL 接入技术，被看作是向住宅用户传送高端宽带业务的最终铜缆技术。

VDSL 传输速率高，可提供上下行对称和不对称两种传输模式。在不对称模式下，VDSL 最高下行速率能够达到 52 Mbps（在 300 m 范围内），在对称模式下最高速率可以达到 34 Mbps（在 300 m 范围内）。VDSL 克服了 ADSL 在上行方向提供的带宽不足的缺陷。

VDSL 的主要缺点是传输距离受限。DSL 技术的带宽和传输距离呈反比关系,VDSL 是利用高至 12 MHz 的信道频带(远远超过了 ADSL 的 1 MHz 的信道频带)来换取高的传输速率的。

由于高频信号在市话线上会出现大幅衰减,因此其传输距离非常有限,而且随着距离的增加,其速率也将大幅降低。目前,VDSL 线路收发器一般只能支持最长距离不超过 1.5 km 的信号传输。

### (四)SDSL

SDSL(对称数字用户线)是 HDSL 的一种变化形式,它只使用一条电缆线对,可提供 144 Kbps~1.5 Mbps 的速度。SDSL 提供上下行最高传输速率相同的数字用户线路,是速率自适应技术。和 HDSL 一样,SDSL 也不能同模拟电话共用线路。

### (五)IDSL

IDSL(ISDN 数字用户线路)是一种基于 ISDN 的数字用户线路,采用了与 ISDN BRI 同样的速率,即 2B+1D,128 Kbps,上下行速率相等,用于语音和数据通信。

### (六)HDSL

HDSL(高比特率数字用户线)采用对称方式传输,其上行和下行数据带宽相同,编码技术和 ISDN 标准兼容,在电话局侧可以和 ISDN 交换机连接。HDSL 采用多对双绞线进行并行传输,即将 1.5 Mbps/2 Mbps 的数据流分开在 2 对或 3 对双绞线上传输,降低每对线上的传信率,增加传输距离,在每对双绞线上通过回声抵消技术实现全双工传输。由于 HDSL 在 2 对或 3 对双绞线的传输率和 T1/E1 线传输率相同,因此一般用来作为中继 T1/E1 的替代方案。HDSL 实现起来较简单,成本也较低,大约为 ADSL 的 1/5。

HDSL 传输速率为 1.5~2 Mbps,传输距离可以达到 3.4 km,可以提供标准 E1/T1 接口和 V.35 接口。

## 七、FTTx

### （一）简述

FTTx（光纤接入）是指局端与用户之间完全以光纤作为传输介质。FTTx 不是具体的接入技术，而是代表光纤在接入网中多种不同的推进程度或使用策略。其中 x 代表了多种不同的含义，有 FTTH（光纤到户）、FTTP（光纤到驻地）、FTTC（光纤到路边）、FTTN（光纤到节点）、FTTO（光纤到办公室）、FTTB（光纤到大楼）等。

FTTH 是近年来网络技术的发展方向，目前所兴起的各种相关宽带应用，如 VoIP、Online-game、E-learning、MOD 及智能家庭等带来生活的各种舒适与便利，如 HDTV 所掀起的交互式高清晰度的收视革命，都使得具有高带宽、大容量、低损耗等优良特性的光纤成为将数据传送到客户端的介质的必然选择。

FTTx 能够确保向用户提供 10 Mbps、100 Mbps、1000 Mbps 的高速带宽，并可直接汇接入 ChinaNet 骨干节点，主要适用于商业集团用户、智能化小区局域网的高速接入和 Internet 高速互联。

### （二）接入方式

目前可向用户提供以下几种具体接入方式。

1. 光纤 + 以太网接入

该接入方式适用于已做好或便于综合布线及系统集成的小区住宅与商务楼宇等。

2. 光纤 +HomePNA 和光纤 +VDSL

HomePNA（家庭电话线网络联盟）是 1998 年 6 月由全球多家知名的通信及晶片大厂共同制定的电话宽频网络标准。

这两种光纤接入方式都适用于未做好或不便于综合布线及系统集成的小区住宅与酒店楼宇等。

3. 光纤 + 五类线缆接入（FTTx+LAN）

以"千兆到小区、百兆到大楼、十兆到用户"为实现基础的光纤 + 五类线缆接入方式尤其适合我国国情。它主要适用于用户相对集中的住宅小区、企事业单位和大专院校。主要对住宅小区、高级写字楼、大专院校教师和学生宿舍等有宽带上网需求的用户进行综合布线，个人用户或企业单位就可通过连接到用户计算机内以太网卡的五类网线实现高速上网和高速互联。

### 4. 光纤直接接入

光纤直接接入方式是为有独享光纤高速上网需求的大企事业单位或集团用户提供的，传输带宽 2 Mbps 起，根据用户需求带宽可以达到千兆或更大的带宽，适合于居住在已做好或便于进行综合布线的住宅、小区和写字楼的较集中的用户。其特点是可根据用户群体对不同速率的需求实现高速上网或企业局域网间的高速互联。同时由于光纤接入方式的上传和下传都有很高的带宽，尤其适合开展远程教学、远程医疗、视频会议等对外信息发布量较大的网上应用。

# 第六章 Internet 的应用

## 第一节 Internet 的概念

Internet 是世界上最大的计算机互联网络,产生于 1969 年。国内一般将 Internet 译为国际互联网、全球网或网际网等,国务院科技各词委的标准译名为因特网。20 世纪 80 年代后期,美国国家科学基金会(NSF)建立了全美 5 大超级计算机中心,并决定建立基于 IP 的计算机网络, 建立了连接超级计算中心的地区网, 超级中心再彼此互连起来。连接各地区网上主要节点的高速通信专线便构成了 NFSNET(国家科学基金会网络)的主干网。NSFNET 的成功使得它成为美国乃至世界 Internet 的基础。随着计算机网络的普遍发展,各大学和政府部门形成了相互协作的区域性计算机网络,并分别连到 Internet 上,这些协作的网络成为本地小型研究机构与 Internet 连接的纽带。在美国发展区域性和全国性计算机网络的同时,其他国家也在发展自己的网络。20 世纪 80 年代起,各国计算机网的互联陆续出现,随着时间的推移,越来越多的国家加入 Internet 中,共享互联网的资源,Internet 已成为全球性的互联计算机网络。

Internet 中具有数以万计的技术资料数据库,信息媒体包括文字、数据、图像和声音等。其内容涉及政治、经济、科学、教育、法律、军事和文化等各个方面,可提供全球性的信息沟通和资源共享。用户一旦连入这个网络,即可存取本地和远程的电子资源,查找和检索信息及文件,也可以与他人通信、查找和使用免费软件、联机存取公用编目和数据库等。

## 第二节 Internet 地址

Internet 地址是分配给入网计算机的一种标识。Internet 为每个入网用户分配一个识别标识，这种标识可表示为 IP 地址和域名系统。

## 一、IP 地址

IP 地址是一个 32 位的二进制数。为了便于阅读，IP 地址被分成 4 组，每 8 位为一组，组与组之间用圆点进行分隔，每组用一个 0 ~ 255 范围内的十进制数表示，这种格式称为点分十进制。

IP 地址由网络号（net-id）和主机号（host-id）两部分组成。net-id 标识一个网络，host-id 标识在这个网络中的一台主机。网络号长度将决定整个 Internet 中能包含多少个网络，主机号长度则决定每个网络能容纳多少台主机。常用的 IP 地址有 A 类、B 类、C 类。

A 类地址的特征是最高位为 0，网络号 net-id 为 7 位，主机号 host-id 为 24 位，A 类地址主要用于大型网；B 类地址的特征是最高两位为 10，网络号 net-id 为 14 位，主机号 host-id 为 16 位，B 类地址主要用于中型网；C 类地址的特征是最高 3 位为 110，网络号 net-id 为 21 位，主机号 host-id 为 8 位，C 类地址主要用于小型网。我国教育科研网中主机所用的 IP 地址大多数以"202"作为第一个十进制数，这些 IP 地址都属于 C 类地址。

以上地址定义方式既适应了不同网络其规模不同的特点，又方便网络号和主机号的提取。Internet 是根据网络号进行寻址的，也就是说，Internet 在寻址时只关心找到相应的网络，主机的寻址由相应网络的内部完成。

除以上 A 类、B 类、C 类主要地址外，Internet 还有另外两类地址，称为 D 类和 E 类。

D 类地址的特征是最高 4 位为 1110，其中多目地址是比广播地址稍弱的多点传输地址，用于支持多目传输技术。E 类地址用于将来的扩展之用，其地址特征是最高 5 位为 11110。

目前，在 Internet 上只使用 A、B、C 这三类地址，而且为了满足企业用户在 Intranet 上使用的需求，从 A、B、C 这三类地址中分别划出一部分地址以供在企业内部网络中使用，这部分地址称为私有地址，私有地址是不能在 Internet 上使用的。私有地址包括以下 3 组：① 10.0.0.0~10.255.255.255；② 172.16.0.0~172.31.255.255；③ 192.168.0.0~192.168.255.255。

子网划分的原因：IP 地址分类中可以用于主机的有 A、B、C 三类。其中 A

类地址有 126 个网络，每个网络中包含可以使用的主机地址。如果将一个 A 类地址分配给一个企业或学校，这样会导致大部分 IP 地址被浪费。例如，某公司的网络中有 300 台主机，分配一个 C 类地址（254 个主机地址）显然不够用，分配一个 B 类地址（65 533 个主机地址）又太浪费了。虽然 A、B、C 三类 IP 地址可以提供大约 37 亿个主机地址，但是网络号并不是很多。IP 地址可以提供 A 类网络 126 个、B 类网络大约 16 383 个、C 类网络大约 209 万多个，随着 Internet 的快速发展，接入 Internet 的站点越来越多，IP 地址资源也随之越来越少。因此，为了更好地利用现有的 IP 地址资源，需要将掩码中主机位划分为网络位来使用，这个过程通常被称作借位或租位。

经过子网划分后，IP 地址的子网掩码不再是具有标准 IP 地址的掩码，由此 IP 地址可以分为两类，即有类地址和无类地址。

有类地址：标准的 IP 地址（A 类、B 类、C 类）属于有类地址。例如，A 类地址掩码为 8 位，B 类地址掩码为 16 位，C 类地址掩码为 24 位，都属于有类地址。

无类地址：为了更灵活地使用 IP 地址，需要根据需求对 IP 地址进行子网划分，使得划分后的 IP 地址不再具有有类地址的特征，这些地址称为无类地址。

划分子网除具有充分利用 IP 资源和便于管理的优点之外，还能够为 LAN 提供基本的安全性。通过子网划分还可以实现网络的层次性。一些集团公司的网络层次较复杂，可能由多个行业公司组成，各个行业公司又分为总公司和分公司，总公司内部又分为各个职能部门。这些复杂的层次关系单靠 A、B、C 这三类地址是很难实现的。

子网划分是通过子网掩码的变化实现的，不同的子网掩码可以分割出不同的子网。具体到 IP 地址，如需要将 192.168.1.0/24 这个大网段分割成 4 个小网段，就需要将主机位划到网络位，如果将一位主机位划到网络位（一位有 0、1 两种变化），原有网段将被分为两部分；如果将两位主机位划到网络位（两位有四种变化 00、01、10、11），则网段被划为四部分。所以将网段划分为 4 个小网段，只要将主机位的两位划到网络位来，也就是把子网掩码的分界线向后挪两位（即借位或租位）就能实现。这样做的结果就是 192.168.1.0/24（范围为 192.168.1.0~192.168.1.255）这个大网段被分割成 4 个小网段，分别是 192.168.1.0~192.168.1.63；192.168.1.64~192.168.1.127；192.168.1.128~192.168.1.191；192.168.1.192~192.168.1.255。此时的主机位已经变成 6 位，但主机位全"0"或者全"1"都是不可用地址,是不能分配给单个主机的。所以每个网段可用地址数应该是 62（$2^6-2=62$）个。

此外,如果将一个 C 类网络（/24）的网络位从主机位借走三位,也就是说子网掩码的分界线向后移动了三位,这时的子网掩码为 /27,会得到 8 个子网（23=8）,每个子网有 32 个地址, 其中只有 30（$2^5-2=30$）个是可用的。

子网划分的应用:① C 类地址划分。现在的 IP 地址经过一次子网的划分后, 由三部分组成, 即网络部分、子网部分和主机部分。用 /26 来划分 C 类地址 192.168.1.0 能得到 4 个子网, 是由于子网位可以有 4 种变化, 即 00、01、10、11。于是, 可以总结一个计算子网的公式 $2^n$（n 是子网位的位数）。而每个子网的主机数完全取决于主机位, 所以根据子网掩码可以计算出子网数和可用主机数。② B 类地址划分。A、B 类地址的子网划分和 C 类地址相似, 只是划分子网在不同的 8 个比特位。例如 172.16.0.0/17 表示子网掩码为 255.255.128.0, 类比 C 类地址划分情况可知, 子网部分为一位, 即将此 B 类地址划分为两个网段, 子网号为 172.16.0.0（与 B 类地址网络地址相同）, 广播地址为 172.16.127.255, 可用主机地址为 32 766（$2^{15}-2$）个。

## 二、域名系统

域名系统（DNS）的设立, 使得人们能够采用具有直观意义的字符串来表示既不形象又难记忆的数字地址, 如使用 www.microsoft.com 表示微软公司的具体 IP 地址 207.46.230.219。这种用英文字母书写的字符串称作域名地址。

域名系统采用层次结构, 按地理域或机构域进行分层。字符串的书写采用圆点将各个层次域隔开, 分成层次字段。从右到左依次为最高层域名、次高层域名等, 最左的一个字段为主机名。例如, mail.zsptt.zj.en 表示浙江省舟山电信局的一台电子邮件服务器, 其中 mail 为主机名, zsptt 为三级域名, zj 为二级域名, en 为顶级域名。

顶级域名分为两大类: 机构性域名和地理性域名。目前共有 14 种机构性域名: com（营利性的商业实体）、edu（教育机构或设施）、gov（非军事性政府或组织）、int（国际性机构）、mil（军事机构或设施）、net（网络资源或组织）、org（非营利性组织机构）、firm（商业或公司）、store（商场）、web（和 WWW 有关的实体）、arts（文化娱乐）、are（消遣性娱乐）、infu（信息服务）和 nom（个人）。

地理性域名指明了该域名的国家或地区，用国家或地区的字母代码表示。例如，中国（cn）、美国（us）、英国（uk）、加拿大（ca）、日本（jp）和德国（de）等。

网络中的域名对应着相应的 IP 地址。在 Internet 中，每个域都有各自的域名服务器，它们管辖着注册到该域的所有主机，在域名服务器中建立了本域中的主机名与 IP 地址的对照表。这是一种树型结构的管理模式。当该服务器收到域名请求时，将域名解释为对应的 IP 地址，对于本域内不存在的域名则回复没有找到相应域名项信息；而对于不属于本域的域名则转发给上级域名服务器去查找对应的 IP 地址。从中可看出，在 Internet 中，域名和 IP 地址的关系并非一一对应。注册了域名的主机一定有 IP 地址，但不一定每个 IP 地址都在域名服务器中注册域名。

# 第三节　Internet 提供的服务

## 一、WWW

万维网（WWW）由欧洲核子研究组织（CERN）发明，它使得 Internet 上信息的浏览变得更加容易。使用 WWW 服务不仅可以提供文本信息，还能提供声音、图像等多媒体信息。WWW 还有超链接的功能，能够指向别的网址，帮助用户方便地定位链接网上的服务器。利用浏览器可以浏览各个网页。网页是由一种称为 HTML 的超文本标记语言编写的界面，在这个界面中，图、文、声信息并存且网页之间都有链接，通过单击链接，WWW 就可以转换到该链接指向的另一网页。

### （一）HTML

超文本标记语言（HTML），是国际标准化组织设定的 ISO-8879 标准的通用型标记语言 SGML 的一个应用，用来描述如何将文本界面格式化。可以通过任何纯文本编辑器将标记命令语言写在 HTML 文件中，任何 WWW 浏览器都能够阅读 HT-ML 文件并构成 Web 页面。

### （二）HTTP

超文本传输协议（HTTP），是标准的 WWW 传输协议，用于定义 WWW 的合法请求与应答的协议。

## （三）URL

统一资源定位器（URL），由 3 个部分组成。例如，一个 URL 可表示为 http://www.pku.edu.cn/index.html，它由协议（http）、服务器的主机（如 www.pku.edu.cn）和路径与文件名（如 index.html）3 个部分组成。

当用户通过 URL 发出链接请求时，浏览器在域名服务器的帮助下，能够获取该链接的 IP 地址，远程服务器由链接的地址按照指定的协议发送网页文件。URL 不仅识别 HTTP 的传输，而且对其他各种不同的常见协议都能开放识别。

## 二、FTP

文件传输协议（FTP）是最早的 Internet 服务功能，也是 Internet 中最重要的功能之一。FTP 的作用是将 Internet 上的用户文件传输到服务器上（上传）或者将服务器上的文件传输到本地计算机中（下载）。它是广大用户获得丰富的 Internet 资源的重要方法，远程提供 FTP 服务的计算机称为 FTP 服务器站点。

FTP 服务由 TCP/IP 的文件传输协议支持。FTP 服务采用典型的客户机服务器工作模式，访问 FTP 服务器，用户需先登录。登录分匿名用户和注册用户两种，匿名登录一般不需要输入用户名和密码，如果需要输入可以用"Anonymous"作为用户名，用"Guest"作为密码登录；FTP 在 URL 的命令行模式是"ftp://"，后跟以 ftp 开头的 IP 地址或 ftp 域名地址。例如，ftp://fip.pku.edu.cn。

常用的 FTP 专用工具软件有 CuteFTP、FlashFXP、LeapFTP、GetRight、NetAnts 等。

## 三、E-mail

电子邮件（E-mail）是 Internet 中目前使用最频繁最广泛的服务之一，利用电子邮件不仅可以传输文本，还可以传输声音、图像等信息。它对网络连接及协议结构要求较低，在网络的各种服务功能中往往是首先开通的业务。用户也可以用比较简单的终端方式来实现这一功能。

邮件服务器有两种服务类型，即"发送邮件服务器"（SMTP 服务器）和"接收邮件服务器"（POP3 服务器）。发送邮件服务器采用简单邮件传输协议（SMTP），其作用是将用户的电子邮件转交到收件人邮件服务器中。接收邮件服务器采用 POP3 协议，用于将发送者的电子邮件暂时寄存在接收邮件服务器里，等待接收者从服务器上将邮件取走。E-mail 地址中 "@" 后的字符串一般是一个 POP3 服务器名称。

很多电子邮件服务器既有发送邮件的功能，又有接收邮件的功能，这时 SMTP 服务器和 POP3 服务器的名称是相同的。

# 第四节　接入 Internet 的常用方法

在接入网中，目前可供选择的接入方式主要有 PSTN、ISDN、DDN、ADSL、VDSL、Cable-Modem、PON、LMDS 和 LAN，它们各有各的特点。

## 一、PSTN 拨号：使用电话线上网

公用电话交换网（PSTN）技术是利用 PSTN 通过调制解调器拨号实现用户接入的方式。这种接入方式是大家非常熟悉的一种接入方式，目前最高的速率为 56 Kbps，已经达到香农定理确定的信道容量极限，这种速率远远不能够满足宽带多媒体信息的传输需求；但由于电话网非常普及，用户终端设备调制解调器很便宜，在 100~500 元之间，而且不用申请就可开户，只要家里有电脑，把电话线接入调制解调器就可以直接上网。因此，PSTN 拨号接入方式比较经济。但目前，这种接入方式已经被更先进的接入方式取代。

## 二、ISDN 拨号：通话上网两不误

综合业务数字网（ISDN）接入技术俗称 "一线通"，它采用数字传输和数字交换技术，将电话、传真、数据、图像等多种业务综合在一个统一的数字网络中进行传输和处理。用户利用一条 ISDN 用户线路，可以在上网的同时拨打电话、收发传真，就像两条电话线一样。ISDN 基本速率接口有两条 64 Kbps 的信息通路和一条 16 Kbps 的信令通路，简称 2B+D，当有电话拨入时，它会自动释放一个 B 信道来进行电话接听。

## 三、DDN 专线：面向集团企业

数字数据网（DDN）是随着数据通信业务发展而迅速发展起来的一种新型网络。DDN 的主干网传输介质有光纤、数字微波、卫星信道等，用户端多使用普通

电缆和双绞线。DDN 将数字通信技术、计算机技术、光纤通信技术以及数字交叉连接技术有机地结合在一起，提供了高速度、高质量的通信环境，可以向用户提供点对点、一点对多点透明传输的数据专线出租电路，为用户传输数据、图像、声音等信息。DDN 的通信速率可根据用户需要在 N×64 Kbps（N=1~32）之间进行选择，当然速度越快租用费用也就越高。

用户租用 DDN 业务需要申请开户。DDN 的收费一般可以采用包月制和计流量制，这与一般用户拨号上网的按时计费方式不同。

DDN 的租用费较贵，普通个人用户负担不起，DDN 主要面向集团公司等需要综合运用的单位。DDN 按照不同的速率带宽收费也不同，例如在中国电信申请一条 128 Kbps 的区内 DDN 专线，月租费为 2 000 元。因此它不适合社区住户的接入，只对社区商业用户有吸引力。

## 四、ADSL：个人宽带

非对称数字用户线（ADSL）是一种能够通过普通电话线提供宽带数据业务的技术，也是目前极具发展前景的一种接入技术。ADSL 素有"网络快车"之美誉，因其下行速率高、频带宽、性能优、安装方便、不需交纳电话费等特点而深受广大用户喜爱，成为继调制解调器、ISDN 之后的又一种全新的高效接入方式。

ADSL 方案的最大特点是不需要改造信号传输线路，完全可以利用普通铜质电话线作为传输介质，配上专用的调制解调器即可实现数据高速传输。ADSL 支持上行（又称上传）速率 640 Kbps~1 Mbps，下行（又称下载）速率 1~8 Mlbps，其有效的传输距离在 5 km 以内。在 ADSL 接入方案中，每个用户都有单独的一条线路与 ADSL 局端相连，它的结构可以看作星型结构，数据传输带宽是由每一个用户独享的。

## 五、VDSL：更高速的宽带接入

超高速数字用户环路（VDSL）比 ADSL 还要快。使用 VDSL 短距离内的最大下行速率可达 55 Mbps，上行速率可达 2.3 Mbps（将来可达 19.2 Mbps，甚至更高）。VDSL 使用的传输介质是一对铜线，有效传输距离可超过 1000 m。但 VDSL 技术仍处于发展初期，长距离应用需要测试，端点设备的普及也需要时间。

目前有一种基于以太网方式的 VDSL，接入技术使用正交调制（QAM）的调制方式，它的传输介质也是一对铜线，在 1.5 km 的范围之内能够达到双向对称的 10 Mbps 传输，即达到以太网的速率。如果将这种技术用于宽带运营商社区的接入，可以大大降低运营成本。

## 六、Cable-Modem：用于有线网络

电缆调制解调器（Cable-Modem）是近两年开始试用的一种超高速调制解调器，它利用现成的有线电视（CATV）网进行数据传输，已是比较成熟的一种技术。随着有线电视网的发展壮大和人们生活质量的不断提高，通过 Cable-Modem 利用有线电视网访问 Internet 已成为越来越受业界关注的一种高速接入方式。

由于有线电视网采用的是模拟传输协议，因此网络需要用一个调制解调器来协助完成数字数据的转化。Cable-Modem 与以往的调制解调器在原理上都是将数据进行调制后在电缆的一个频率范围内传输，接收时进行解调，传输原理与普通调制解调器相同，不同之处在于它是通过有线电视 CATV 的某个传输频带进行调制解调的。

Cable-Modem 的连接方式可分为两种：对称速率型和非对称速率型。前者的数据上传速率和数据下载速率相同，都在 500 Kbps~2 Mbps 之间；后者的数据上传速率在 500 Kbps~10 Mbps 之间，数据下载速率为 2~40 Mbps。

## 七、PON 接入：光纤入户

无源光网络（PON）技术是一种一点对多点的光纤传输和接入技术，下行采用广播方式，上行采用时分多址方式，可以灵活地组成树型、星型、总线型等拓扑结构，在光分支点不需要节点设备，只需要安装一个简单的光分支器即可，具有节省光缆资源、带宽资源共享、节省机房投资、设备安全性高、建网速度快、综合建网成本低等优点。

PON 包括基于 ATM 的无源光网络（APON）和基于以太网的无源光网络（EPON）两种。APON 技术发展得比较早，它还具有综合业务接入、QoS 服务质量保证等独有的特点，ITU-T 的 G.983 建议规范了 APON 的网络结构、基本组成和物理层接口，我国信息产业部也已制定了完善的 APON 技术标准。

## 八、LMDS 接入：无线通信

区域多点传输服务（LMDS）接入是目前可用于社区宽带接入的一种无线接

入技术。在该接入方式中，一个基站可以覆盖直径 20 km 的区域，每个基站可以负载 2.4 万用户，每个终端用户的带宽可达到 25 Mbps。但是，它的带宽总容量为 600 Mbps，每个基站下的用户共享带宽，因此一个基站如果负载用户较多，那么每个用户所分到的带宽就相对较小。因此，这种技术并不适用于社区用户的接入，但它的用户端设备可以捆绑在一起，用于宽带运营商的城域网互联。其具体做法：在汇聚点机房建一个基站，而汇聚机房周边的社区机房可作为基站的用户端，社区机房如果捆绑 4 个用户端，汇聚机房与社区机房的带宽就可以达到 100 Mbps。

采用这种方案的好处是可以使已建好的宽带社区迅速开通运营，缩短建设周期。但是目前采用这种技术的产品在中国还没有形成商品市场，无法进行成本评估。

## 九、LAN 接入：技术成熟成本低

LAN 方式接入是利用以太网技术，采用"光缆 + 双绞线"的方式对社区进行综合布线。具体实施方案：从社区机房敷设光缆至住户单元楼，楼内布线采用五类双绞线敷设至用户家里，双绞线总长度一般不超过 100 m，用户家里的电脑通过五类跳线接入墙上的五类模块就可以实现上网。社区机房的出口是通过光缆或其他介质接入城域网。

采用 LAN 方式接入可以充分利用小区局域网的资源优势，为居民提供 10 Mbps 以上的共享带宽，并可根据用户的需求升级到 100 Mbps 以上，这比现在拨号上网速度快了成百上千倍。

以太网技术成熟、成本低、结构简单、稳定性和可扩充性好，便于网络升级，同时可实现实时监控、智能化物业管理、小区 / 大楼 / 家庭保安、家庭自动化（如远程遥控家电、可视门铃等）、远程抄表等，可提供智能化、信息化的办公与家居环境，满足不同层次的人们对信息化的需求。

# 第五节　Internet 的应用

## 一、文件传输服务

文件传输协议（FTP）的功能是用来在两台计算机之间互相传送文件，适合

在异构网络 / 主机间传输文件。FTP 采用客户机 / 服务器（C/S）模式，在客户机和服务器之间使用 TCP 协议建立面向连接的可靠传输服务。FTP 协议要用到两个 TCP 连接，一个是命令链路，用来在 FTP 客户端与服务器之间传递命令；另一个是数据链路，用来从客户端向服务器上传文件，或从服务器下载文件到客户端计算机。

因特网上有两大类 FTP 文件服务器，一类是"非匿名 FTP 服务器"，用户登录非匿名 FTP 服务器时，FTP 操作首先需要登录到远程计算机上，并输入相应的用户名和口令（或密码），即可进行本地计算机与远程计算机之间的文件传输。另一类是"匿名（anonymous）FTP 服务器"，提供这种服务的匿名服务器允许网上的用户以"anonymous"作为用户名，以本地的电子邮件地址作为口令，输入电子邮件地址后即可登录。

使用 FTP 协议还可以通过基于网页的图形界面操作，非常方便地完成文件的上传和下载，可将因特网上的图片、音乐、影视以及软件等下载到本地计算机中。

如果涉及大量数据传送，则建议使用较为专业的 FTP 应用软件，如迅雷等。

## 二、流媒体和手机电视

近年来，因特网的多媒体内容（主要是音频、视频）应用迅猛发展，其领域包括娱乐视频、IP 电话、因特网广播、多媒体网站、在线视频会议、交互式网络游戏、虚拟现实、远程教育等。

### （一）流媒体

流媒体是指采用流式传输的方式在因特网播放的媒体格式。在进行流式传输时，音频或视频文件由流媒体服务器向客户机连续实时地传送数据，使用户不必等到整个文件全部下载完毕就能播放文件，这就避免了过长的等待时间，当已下载的一部分播放时，后台也在不断地下载其余部分。采用这种方法的流媒体播放软件很多，包括 PotPlayer、Windows Media Player、MuiPlayer、QQ 影音、迅雷看看播放器等。

音频和视频流媒体用户一般通过 Web 浏览器请求服务，流媒体传输的过程主要有：①当用户选择某个流媒体服务后，Web 浏览器和 Web 服务器之间通过 HTTP 交换信息，把要传输的实时数据从数据库中检索出来。② Web 浏览器启动音频或视频客户端程序，并根据检索到的相关参数、编码方式信息等对客户端程序进行初始化。③客户端和服务器直接运行实时流协议（RTSP），交换音频或视频所需的控制信息（如暂停、恢复、播放等）。④流媒体服务器将音频或视频流媒体文件传输给客户端程序之后，客户端程序可以进行播放。

目前流媒体的格式很多，如 AVI、MPG、FLV、RM、RA、RMVB、ASF、MOV 等，不同的格式需要不同的软件播放器来播放。

### （二）手机电视

手机电视就是以手机为终端，利用具有操作系统和流媒体视频功能的智能手机观看电视节目。这种手机电视业务实际上是利用流媒体技术，把手机电视作为一种数据业务，电视节目内容即流媒体传输中的视频数据。这就要求在手机上安装终端播放软件，使该播放软件和流媒体服务器交互传输数据，而且实现边下载边播放。

目前手机电视的实现方式有三种：①利用蜂窝移动网络实现。②利用卫星广播方式实现。③在手机终端上安装微波数字电视接收模块，把手机变成一个微缩版的电视机。

随着互联网技术的发展，手机电视不仅能够提供传统的音视频节目，利用手机网络还可以方便地完成交互功能，更适合于多媒体增值业务的开展。

## 三、电子邮件

电子邮件（E-mail）是 Internet 上使用最多、最广泛和最受用户欢迎的一种服务，由于其具有快捷、方便、低成本和易于保存的优点，深受个人和企业用户的青睐。电子邮件不仅可以传送文字信息，还可附上图像、声音等各种格式的文件。利用电子邮件可以得到大量免费的新闻、专题邮件。电子邮件的另一个优点是可以同时向多个接收者发送电子邮件，且并不增加多少工作量和成本，这是任何传统的方式无法比拟的。

### （一）电子邮件及其地址

在因特网上发送和接收电子邮件，实际是通过因特网服务提供商 ISP 的邮件服务器作为代理环节实现的。发送方可在任何时间将邮件发送到邮件服务器上接收者的电子邮箱中并被存储起来，因此不用顾虑接收者的计算机是否打开。接收方在需要时检查自己的邮箱，并下载自己的邮件。因此每个因特网用户经过申请邮箱开户后，就可以成为某个电子邮件服务系统的用户，并且只有用户本人输入相关账号和密码才能使用该邮箱。

TCP/IP 体系的电子邮件系统规定电子邮件地址的格式为：收信人邮箱名 +@+ 邮箱所在的主机域名。

其中，符号"@"读作"at"，表示在的意思。收信人邮箱名简称用户名，是收信人自己定义的字符串标识符，它的字符串在邮箱所在服务器中必须是唯一的。例如：zxh@163.com，它表示邮箱的用户名是 zxh，邮箱所在的服务器的域名是163.com。

## （二）电子邮件的组成

一封电子邮件分为信封和内容两大部分。其中，信封就是 E-mail 地址，内容一般由三个部分组成：①第一部分是邮件首部，包括发送方地址、接收方地址（允许多个）、抄送方地址（允许多个）、主题等。②第二部分是邮件主体正文，即信件的内容。③第三部分是邮件的附件，附件中可以包含一个或多个文件，文件类型不限，但附件的大小通常有一定限制。

目前，大多数邮件系统都使用 MIME（多用途互联网邮件扩展）协议，它允许邮件主体正文具有更加丰富的排版格式，还可以在文本中包含图片、声音、动画和超链接等，从而使邮件能够表达的内容更丰富。

## （三）电子邮件的相关协议与工作原理

电子邮件在发送和接收过程中需要遵循一些协议，应用比较多的电子邮件协议是 SMTP、POP3、IMAP4（交互邮件访问协议第 4 版）和 MIME 等协议。

### 1. 简单邮件传输协议（SMTP）

简单邮件传输协议（SMIP）是一个简单的基于文本的电子邮件传输协议，是在因特网上用于在邮件服务器之间交换邮件的协议。SMTP 作为应用层的服务，可以适应于各种网络系统。使用 SMTP 要经过建立连接、传送邮件和释放连接三个阶段。

### 2. 邮局协议（POP）

电子邮件的收信人使用邮局协议（POP）从邮件服务器自己的邮箱中取出邮件。POP 协议采用客户 / 服务器（C/S）的工作方式，有简单的电子邮件存储—转发功能，现在使用它的第三个版本，即 POP3。POP3 使用户可以直接将邮件下载到本地计算机，在自己的客户端阅读邮件。如果电子邮件系统不支持 POP3，则用户必须通过远程登录，在邮件服务器上查阅邮件，即通过 Web 网页方式登录邮件服务器进行相关操作。

# 参考文献

[1] 陈岗. 计算机网络 [M]. 上海：上海财经大学出版社，2017.

[2] 邓世昆. 计算机网络 [M]. 北京：北京理工大学出版社，2018.

[3] 高治军，王鑫. 通信理论基础与应用 [M]. 沈阳：东北大学出版社，2021.

[4] 郭达伟，张胜兵，张隽. 计算机网络 [M]. 西安：西北大学出版社，2019.

[5] 贺杰，何茂辉. 计算机网络 [M]. 武汉：华中师范大学出版社，2021.

[6] 黄磊. 计算机网络应用基础 [M]. 北京：北京邮电大学出版社，2017.

[7] 季福坤，钱文光，等. 数据通信与计算机网络（第 3 版）[M]. 北京：中国水利水电出版社，
    2020.

[8] 冀勇钢，李开丽，朱凤文. 数据通信—路由交换技术 [M]. 成都：西南交通大学出版社，2020.

[9] 姜立林，路晶，雷伟军. 局域网组建与维护 [M]. 哈尔滨：哈尔滨工程大学出版社，2021.

[10] 金秋萍，陈国俊，孙雪凌，等. 计算机应用基础 [M]. 成都：电子科技大学出版社，2020.

[11] 李环. 计算机网络 [M]. 北京：中国铁道出版社，2020.

[12] 李乔凤，陈双双. 计算机应用基础 [M]. 北京：北京理工大学出版社，2019.

[13] 李书标，黄书林. 计算机网络基础 [M]. 北京：北京理工大学出版社，2018.

[14] 李雪松，傅珂，韩仲祥. 接入网技术与设计应用 第 2 版 [M]. 北京：北京邮电大学出版社，
    2015.

[15] 刘姝辰. 计算机网络技术研究 [M]. 北京：中国商务出版社，2019.

[16] 刘阳，王蒙蒙. 计算机网络 [M]. 北京：北京理工大学出版社，2019.

[17] 刘音，王志海. 计算机应用基础 [M]. 北京：北京邮电大学出版社，2020.

[18] 卢晓丽，丛佩丽，张学勇. 网络设备互联技术 [M]. 北京：化学工业出版社，2017.

[19] 卢晓丽，于洋. 计算机网络基础与实践 [M]. 北京：北京理工大学出版社，2020.

[20] 罗刘敏. 计算机网络基础 [M]. 北京：北京理工大学出版社，2018.

[21] 罗勇，李芳，孙二华. 计算机网络基础 [M]. 成都：西南交通大学出版社，2020.

[22] 穆德恒. 计算机网络基础 [M]. 北京：北京理工大学出版社，2021.

[23] 裴向东，王昇辉，郭卫卫. 云计算：开源技术与实践 [M]. 西安：西北工业大学出版社，2020.

[24] 曲桂东. Internet 应用教程 [M]. 北京：高等教育出版社，2020.

[25] 帅小应，胡为成. 计算机网络 [M]. 合肥：中国科学技术大学出版社，2017.

[26] 仝军，赵治，田洪生. 计算机网络基础 [M]. 北京：北京理工大学出版社，2018.

[27] 万亚平，刘鹏远，温珏 . 计算机网络基础 [M]. 长春：吉林出版集团股份有限公司，2021.

[28] 汪海涛，涂传唐，于本成 . 计算机网络基础与应用 [M]. 成都：电子科技大学出版社，2020.

[29] 汪军，严楠 . 计算机网络 [M]. 北京：科学出版社，2020.

[30] 危光辉 . 计算机网络基础 [M]. 北京：机械工业出版社，2019.

[31] 邢彦辰 . 数据通信与计算机网络（第 3 版）[M]. 北京：人民邮电出版社，2020.

[32] 杨帆，刘珊，刘红晶 . 计算机网络应用 [M]. 北京：国家开放大学出版社，2021.

[33] 姚兰 . 计算机网络 [M]. 北京：机械工业出版社，2021.

[34] 于彦峰 . 计算机网络与通信 [M]. 成都：西南交通大学出版社，2019.

[35] 原虹，张鸿雁，韩莉 . 计算机应用实务 [M]. 武汉：华中科技大学出版社，2021.

[36] 张帆，赵莉，谭玲丽 . 计算机基础 [M]. 北京：北京理工大学出版社，2021.

[37] 赵永生，王树宝，孔庆月 . 计算机网络基础 [M]. 武汉：华中科技大学出版社，2018.

[38] 钟娅，王彬 . 计算机网络与应用教程 [M]. 成都：电子科技大学出版社，2016.

[39] 周宏博 . 计算机网络 [M]. 北京：北京理工大学出版社，2020.